蝶の粉

JN087079

浜島直子

蝶の粉

目次

はじめに

あるあるという表現が使われるようになった。子育てあるある、旦那あるある、仕事あるある。

私はその表現があまり好きではなかった。どんなに似たり寄ったりのエピソードだったとしても、それは自分だけの宇宙に輝くたった一つの小さな星なのだから、ひとくくりにまとめて欲しくないと感じていたのかもしれない。

しかし、私の文章を読んだ方から

「すごく共感できます」

と幾度となく言われ、そのたびになぜだか嬉しく思った。

はじめに

私のように、北海道出身でもなくモデルでもない男性からもそう言われるたび、何だか縁側で一緒にお茶をすすりながら日向ぼっこをしているような気持ちになったのだ。

そう、ここに記したのは、何ら特別ではない、誰にでも起こりうるささやかなこと。

肩にとまった柔らかなタンポポの綿毛をそっと取るように。時には荒れ狂う嵐の中、ずぶ濡れの枯葉を拾うように。

もし読んでくれた方が、あ、あ、あるあると感じてくれたならば、たった一つの小さな星は、いつしかきらめく星座になるかもしれない。

そうなったらいいなと、そっと願いを込めて。

装画　ますこえり
デザイン　藤原康二

蝶の粉

子供の頃、よく妄想劇を演じていた。その中で、お父さんとお母さんは実は本当の親じゃないとか、私は橋の下で拾われてきた子だとか、勝手に悲劇の主人公になりきった。

ある時は、自分以外は皆宇宙人で、私が横を向いた瞬間に家族全員が宇宙人の顔になっていると思い込み、どうにかして正体を暴いてやろうとものすごい勢いで振り返ったり、青筋が立つくらい目玉をグイッと横にして、こっそり親を盗み見したりしていた。

母もそんな私を知ってか知らでか、たまに芝居がかった感じで

「ママがいなくなっても、元気でね……」

と言ってきた。嫁姑関係や仕事の悩みなんかは一切わからない若干七歳の

少女にとって、それは十分すぎるほどの妄想劇のスパイスとなった。

小学二年生の時に転校生の女の子がやって来た。Mちゃんはショートカットでぷっくりホッペの色白さん。当時割と積極的な性格だった私は、転校初日に仲よくなり、その日のうちにMちゃんの家に遊びに行った。

Mちゃんの家は団地だった。それまで団地という存在を知らなかった私にとって、大きくて同じ建物が連なっている光景がまるでテーマパークのように目に映り、広々とした敷地内に入っただけで知らない外国に来てしまったような気分になり、ドキドキした。

階段をいくつか上がり、息が切れてきた頃に
「ここだよ」

とMちゃんが言った。

重たそうな黄緑色の扉。「うちのガラスの扉とは違って頑丈そうだなぁ。この前なんてママに怒られたお姉ちゃんが玄関に放り出されて、ガラスが割

れちゃったんだよなぁ。あれで怪我しなかったなんて奇跡だけど、このドアならさすがのお姉ちゃんの石頭もパックリ割れちゃいそうだなぁ」と思った時、Mちゃんはおもむろに顎《あご》の下に手を入れ、紐をたぐり寄せ、首から下げていた鍵を取り出した。

か、鍵を持ってる！

何だかものすごい秘密を知ってしまったような、これから何か悪いことをしでかしてしまいそうな、そして何よりさっきまでのMちゃんではない、別のMちゃんがいるようで、ますます心臓がドキドキした。私はこのドキドキを悟られまいと、口だけキュッと上げて意味もなく笑った。緊張した時の私の癖は、この頃から変わっていない。

Mちゃんは慣れた手つきで鍵を開け、

「こっちだよ」

と私を部屋に招き入れた。入ってすぐ茶の間があり、その隣には小さな子供部屋があった。妹がいるらしく、女の子向けのおもちゃがそこかしこに散らかっていた。私は学校から帰った時に大人が誰もいないことが不思議で、ジロジロと家の中を見回してしまった。

引っ越してきたばかりとはいえ、すでにMちゃんの家の匂いがした。ジュースを飲み、たわいもない会話をし、人形遊びをひとしきり終えたところで、唐突にMちゃんは言った。

「私のお母さん、本当のお母さんじゃないの」

私はとても驚いてしまい、何も答えることができなかった。あまりにも聞き慣れない台詞で、人形遊びの続きかと思った。

「妹は本当の子で、お母さんは妹だけを可愛がってるの。だから私、この家があまり好きじゃないんだ」

伏し目がちに、私にそう打ち明けたMちゃんのまつ毛が繊細で美しく、もし触れたらサワサワとして気持ちいいだろうな、と私はまつ毛から目が離せなかった。

帰ってから母に速攻で報告した。一人で初めて大冒険してきたような誇らしい気持ちと、ドラマのワンシーンを生で体験したような興奮が入り交じっていた。

「あのね、Mちゃんてかわいそうなんだよ。Mちゃんのお母さんは、本当のお母さんじゃないんだって。妹だけが本当の子で、Mちゃんはいつも意地悪されて、いつも家に一人ぽっちで寂しいんだって！」

私の脳内では、シンデレラのように暖炉の前で拭き掃除をしているMちゃんがいて、脚色ではなく私なりの真実を語っていた。母は少し驚いた表情をし、ジッと私の顔を見て静かに言った。

「そんなことないよ。Mちゃんのお母さんは、本当のMちゃんのお母さんだよ」

そうなのか？　じゃあMちゃんは私に嘘をついたのか？

その頃、母の言うことは絶対だったので、私の脳内からはさっそく寂しいシンデレラはどこかへ消えていった。

「じゃあ何であんなこと言ったの？　明日Mちゃんに訊いてみる」

「いいの、訊かなくて。それに他の人にも絶対言っちゃダメだよ」

「何でダメなの？」

母の顔をいかにも真剣に見つめると、私にこう言った。

「Mちゃんのお母さんが聞いたら、すごく悲しいから」

子供は、大人が思っている以上に感じ、消化し、血肉にしている。まだそれらを変換する言葉を持っていないだけで、確かに微熱を感じている。

私は、母の瞳の奥のMちゃんを見つめ、すんと一つ息を吸った。

それからも私たちはよく一緒に遊んだ。Mちゃんが私の家に遊びに来ることもあったし、私がMちゃんの団地に行くこともあった。でも、もうあの話はしなかった。私からも、Mちゃんからも。

そんなことよりも、目の前のキラキラした宝物を追いかけるのに夢中だったのかもしれない。追いかけているうちに、真実は蝶の羽に乗って粉となり消えた。

ほどなくして私が転校することになり、Mちゃんとの短い蜜月は終わった。

Mちゃん、元気にしてるかな。もしお母さんになっていたら、きっとあったかいんだろうな。

初恋の手ざわり

浜島家は年に二回、デパートに服を買いに行く習慣があった。それは今考えたらとてもわかりやすく、夏のボーナスと冬のボーナスが出た時だった。私と姉と母の三人で、富良野に住んでいた時は旭川の西武へ行き、お昼にレストランでホットケーキを食べた。母は毎回ミートソーススパゲッティで、姉はだいたい海老グラタン。札幌に住んでいた時は大通りの三越か丸井今井へ行き、帰りに地下街のロッテリアでシェイクを飲んでポテトを食べて帰るのがお決まりだった。母は絶対バニラシェイクで、私はだいたいチョコレートシェイク、姉は年々アップルパイ率が高くなっていた。そしてポテトのLサイズを皆で食べた。

姉のお下がりも好きだったが、自分だけの新しい服を買ってもらえることが嬉しかった。何より、いつもよりちょっとおめかしをして皆で出かけることと、普段喧嘩ばかりしている姉と仲よく並んで歩くこと、それに仕事で忙しい母が娘たちの洋服を吟味している姿を見られることも楽しみだった。

レストランでメニューを真剣に見るけど結局いつも同じものを頼むこと、シェイクの冷たさやしなしなになったポテトの塩気、その何もかもが愛おしく、年に二回のお出かけが待ち遠しくて仕方がなかった。そして私は、洋服が大好きな少女になっていった。

高校二年生のある日、当時の十代女子のバイブルだった雑誌『mc Sister』を部屋で一人熟読していた。買ってきたばかりの最新号を目次から順番に丁寧にページをめくっていき、いつものように一文字も読み落とさないよう、スタッフのクレジットまで覚えてしまうほど、舐め回すように読み進めていった。

後半に差しかかり、当時の『mc Sister』の看板ブランドの一つ、ドゥファミリィのタイアップページを見た瞬間、手が止まった。座っているのにぐらりと目眩《めまい》がしたような気がした。私の目に飛び込んできたのは、黒いタートルネックのセーターだった。

それまでも黒いタートルネックのセーターは何度も見たことがあったが、今までのそれとは何かが違った。ナンダコレハ。心臓がドクンドクンとして、頬が熱くなるのがわかった。目が離せない、動けない、息ができない。ドクンドクン、ドクンドクン。

そこに載っていたのは、六千五百円と一万八百円の二種類のタートルネックのセーター。両方とも無駄な装飾が一切なくシンプルな形で、リブの太さもほどよく、首から肩、肩から腕にかけてのラインは漆黒の天の川のようになだらかで美しかった。何より、見慣れたモデルたちの表情がいつもより大人っぽく見えたのが衝撃だった。

あぁ、なんて素敵。私もこれを着れば凛とした女性になれるのではないか。

このタートルネックに首をゆだねれば、無造作にあげたポニーテールのおくれ毛さえも、アクセサリーに変えてくれるのではないか。そう、まるでパリジェンヌのように！　欲しい。欲しい。欲しい。

札幌市内といえどもたまに熊が出没するような田舎町に住んでいた私は、祖母にもらったお年玉を握りしめてバスに乗り、地下鉄に揺られ、まるでバージンロードを歩くような厳粛な気持ちで真っ白な雪を踏み固めながら、黒いタートルネックに会いに街へ向かった。

そこに母と姉がいないことが不思議だったが、心細さはなかった。初めての抑えられない衝動が、私の足を前へ前へと押し出す勇敢さに変わっていた。やっとお目当ての店に着いた時には、すっかり手も頬も氷のようにかじかんでいたけど、胸は熱くドキドキしていた。

「これだ……」店内の奥の棚に並べられていた二種類の黒いタートルネックは、私に穴があくほどじっと見つめられてドギマギしているようだった。

二つを手に取って比べ、広げ、匂いを嗅ぎ、輪郭を確かめるように掌《てのひら》でゆっくりとなぞった。六千五百円の方はウールの他に綿とアクリルが入っていて滑りがよく、毛玉になりにくそうだ。薄手で重ね着も楽しめそうなところもいい。一万八百円の方はウール百パーセントで掌を包み込むような弾力があり、肉厚で文句なしにあたたかそう。ほどよい太さのリブが二の腕をスッと長く美しく見せてくれるだろう。

私は交互に感触を確かめ、そこから広がる新しいコーディネートを何パターンも考えた。

「どっちにしよう」迷うふりをして、胸の奥深くのトキメキを静かに確認していた。

おそらく私の気持ちは、最初から決まっていたのだ。宝物のように抱えて帰ったのは、一万八百円のセーターだった。

高校生にとって、一万円は相当な大金だ。大胆な秘め事をしてしまった後ろめたさと、新しい世界へのパスポートを手にした高揚感とで、舞い散る雪のようにフワフワと家に帰った。シェイクもポテトもなかったけど、心は甘く満たされていた。

コートを脱ぐのももどかしく、一人自分の部屋で正座をして初恋の相手をそっと袋から出し、頬に当ててみる。ひんやりとしたセーターからはまだ雪とデパートの匂いがした。

顔を埋め目を閉じ、まつ毛で羊の群れを追いかける。私の羊はどこだろう。どこで草をはんでいるのか。これから始まる私の恋の旅路に一緒について来てはくれないか。私は奥へ奥へと羊の群れの中に進み、柔らかくて頑丈そうな毛の感触を確かめた。

さあ、冒険は始まったばかりだ。私は何にでもなれるし、どこにでも行ける。これから出会うたくさんの恋と憧れに武者震いするように、大人の世界に袖を通した。

飛べなくなったラムちゃん

十九歳で本格的に上京して初めての一人暮らしを始めた時、それはもうフワッフワのウッキウキで地に足がついておらず、近所のスーパーにも仕事現場にも、うる星やつらのラムちゃんのようにピルルルル〜と飛びながら行っていた。

門限が夕方五時だった実家とは違い、夜中に帰ろうがコンビニでアイスを買って歩きながら食べようが、電話で友達と三時間恋愛話で盛り上がろうが、誰にも文句は言われない。

「アンタ何時間話してるの！　アンタ早く切りなさい、アンタ！」

と祖母にアン、、、タアン、、、タアンタ攻撃を浴びせかけられ、心の中で黒魔術を唱えながらしぶしぶ二階に行っていた少女が、やっと今自由を手に入れたのだ。ヤッホーイ、自由最高！

　私はその日もピルルルル〜と、スーパーにトイレットペーパーを買いに行った。トイレットペーパーと夕飯の材料を買って帰ると、アパートのすぐ隣に住んでいる、大家さんのハタさんに会った。庭の手入れをしているところだった。六十代くらいのとても優しいおばちゃんで、いつもニコニコと目を糸のように細くして挨拶してくれた。

「ナオちゃん、偉いね。ちゃんと自炊してるんだね」

「あ、はい。でも簡単なものです。今日は焼うどんです」

　褒められて照れくさかったので、訊かれもしない今晩のメニューまで教えてしまった。早く家に入りたい。

「わぁ、いいわね。偉いね」

　とまたもや褒められたので、浜島家流に紅生姜をどっさり載せるところまで危うく言いそうになってしまった。

ペコペコお辞儀をしてそそくさと部屋に入り、買ったものを冷蔵庫にしまっていると、玄関の呼び鈴が鳴った。ドアを開けると、目が糸のハタさんだった。

「これたくさん作ったから、よかったら食べてね」

はい、と差し出されたのはタッパーに入った野菜の煮物だった。

「あ、ありがとうございます」

照れくささや申し訳ない気持ちとは裏腹に、つい私もつられて目が糸になる。

東京は砂漠のようだと聞いていたが、こんなドラマのワンシーンみたいなあたたかいことがあるなんて。母は東京を恐れすぎるあまり

「東京の人は皆人殺しだよ」

と言っていたけど、少なくともハタさんは人殺しではなさそうだ。まだちょっと緊張するけど、いい人だなぁ。

茶色の煮物がとても美味しそうで、ピルルル〜とお皿にも盛らずにそのまま食べた。一つ食べてお腹が空いていることに気がついた。よく味の染みた里芋は、家族団らんの味がした。

ハタさんの詳しい家族構成はわからなかったが、たまに見かけるご主人の他、どうやら娘さんもいるようだった。私よりいくつか年上らしく、時々私の載っている雑誌やカタログを娘さんが発見したと、いつも嬉しそうに報告してくれた。

とりわけ、NHK教育テレビのフランス語会話のオーディションに受かった時は、

「エネーチケーに出るだなんて、本当にすごいわねぇ。エネーチケーに出れたら、もう立派なモデルさんねぇ」

と、細い目をもっと細くして私の腕をさすり、まるで実の娘のように心から喜んでくれた。私もそれがとても嬉しくて、本当の母のように

「はい、頑張ります！」

とハタさんの手を握った。

ある日、仕事に行こうとピルルルル～と家を出た時、ゴミ出しをしているハタさんに会った。

「あら、これからお仕事？　頑張ってね。いってらっしゃい」

いつものようにニコニコと挨拶してくれた次の瞬間、カッと糸が見開いた。その瞳は、私が履いているヘビ柄のローファーに釘づけだった。

それは当時大流行りしていた、パトリックコックスのヒールローファー。周りの先輩モデルたちも皆履いていて、私も最初は黒を、次は茶色をと、一つずつ憧れを買い足していった。三足目に選んだヘビ柄は、憧れが少し自信に変わりつつあった表れだったかもしれない。

その日はヘビ柄のローファーに、ヒステリックグラマーのブルーのスキニーデニム、プチバトーの黒いTシャツ、エルベシャプリエのグレーのトートバッグを合わせていた。靴が主役になるように前の日から考えていた、自信のコーディネートだった。

「私その靴、好きじゃない」

何を言っているのかよくわからなくて
「ふぇ？」

と間抜けな声が出た。

「何だかすごい靴ねぇ。私その靴好きじゃないわ」

その瞬間、私に呪いがかかった。その時は逃げるようにその場を去ったが、糸ではないハタさんの悲しげな目はずっとずっと私を追いかけてきた。

私はその日からヘビ柄の靴を履かなくなった。履けなくなった。歩きながらアイスを食べることもなくなった。長電話も減った。お祭りが日常になり、部活が仕事になった。私はもうピルルルル～と飛べなくなった。その日から自由は奪われた。

それは人生二つ目の呪いだった。

一つ目の呪いは父の
「ピアスは好きじゃない。体に穴を開けるなんて」

という言葉。その呪いはずっと私の頭の中で垢《あか》のようにこびりつき、いつしか垢があたかも最初から本来の自分の健康な皮膚だったかのように馴染み、最終的には、ピアスを開けないのは自分の意思なのだというところまで身体に溶け込んだ。

あれから二十五年近く経った今でも呪いは続いている。私から自由を奪った二つの呪いが憎い。くっそう。

でもなぜだか、その呪いはほんのりあたたかい。私を、私らしく少し逞《たくま》しくしているのも事実だ。悔しいけど。

人を表す言葉

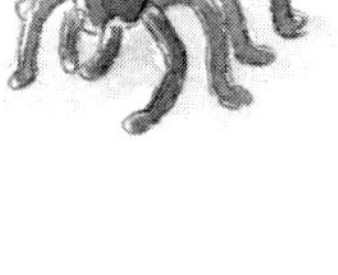

ある幼稚園で、お母さんたちに向けて講演をしたことがある。その時、私にはまだ子供はいなかったが、園長先生が小学校時代の恩師だったご縁で呼んでいただいたのだ。

ここに来たお母さんたちは、貴重な自分の時間を私にくれたのだから、絶対にいい気持ちになって帰ってもらいたい。私はモデル業の裏話や、テレビの海外ロケ中の失敗談などを面白おかしく、身振り手振りをつけて、自分もカラカラと大爆笑しながら話した。

一時間ほど経ちそろそろ終わりかなという時、私はお母さんたちに一つの質問をした。

「自分のことを『○○ちゃんのお母さん』と呼ばれることについて、どう思いますか？」

さっきまで私につられて一緒に笑っていたお母さんたちの顔が一瞬にして強ばり、固まった。

私は子供の頃、女友達が苦手だった。一度仲よくなったと思ったら、必ず無視されたり仲間はずれにされたからだ。それはおそらく私の性格の悪さ以外に何の理由もないのだけど、そんじょそこらの性格の悪さではなかった私はそんなことではへこたれず、毎回呪ってやると本気で思い、相手が犬のうんこを踏んだ日には「はっはっはっ、正義は必ず勝つ！」と、本気で神様仏様ご先祖様に感謝していた。

女社会という意味では、家の中でもそうだった。銀行員だった父は忙しく、平日はだいたい祖母、母、姉、私の女四人で晩御飯を食べた。毎日姉と喧嘩をし、毎回泣かされていた。力では絶対に勝てないこの悪の女王をどうやったらギャフンと言わしめることができるのか、小さい頭はそのことでいっぱいだった。

おもちゃのタランチュラを姉の布団の中に入れたり、寝ている間にこっそり油性ペンで顎に南野陽子のようなホクロを描いたりした。我ながら自分の頭のよさにうっとりとしたが、鉄のハートを持つ悪の女王は、どんないたずらにも無反応を貫き通し、毎回チッと心の中で舌打ちする日々だった。

中学生になると反抗期もあってか、口の悪さも加わった。

一緒に暮らしていた祖母が、やれ電気を消せだの長電話するなだの、いつものように私に注意してきた時（祖母もかなりしつこい）、祖母に向かって

「お前には未来がない。土に還《かえ》れ！」

と言い放った。しかし祖母は顔色一つ変えず、ゆっくりとマイルドセブンをふかしながらこう言った。

「呪ってやる」

大人になってからは、私の性格の悪さもだんだん緩和され……てはいないと思う。小さい頃から持って生まれた魂みたいなものは変わらない。ただ、この社会で生きて行く術のようなものは少しずつ身についていったと思う。もう無視されたり仲間はずれにされることもすることもなくなった。それよりも他にやるべきことが増えただけなのかもしれないが。

そんなある日、友達の結婚が決まった。会うたび嬉しそうに彼の話をしていたから、素直に私も嬉しかった。結婚式の準備も進んできた頃、その友達の態度が急によそよそしくなった。それに比例して周りの友達の態度も他人行儀になっていった。そして私だけが結婚式に呼ばれなかった。

別の友達の一人と彼女との間でちょっとしたいざこざがあり、そこに私も悪意を持って加わっていると思われていたことが、あとになってわかった。いくら性格の悪い私でも、そんなことはしない。そこまで腐ってはいない。私は久しぶりに味わう疎外感をかみしめた。そしてそれは、子供の頃とは違い、冷たく深い悲しみだった。

彼女の結婚式が終わった数日後、心からのおめでとうをメールで送った。そして「何か誤解をしているようなので、もし私に不信感を抱いているのであれば第三者ではなく私に直接言って欲しい。そしてもし本当に私が悪かったのならば、きちんと心から謝りたい」とも伝えた。

長い返信をくれたのだが、そこには彼女にしかわからないストーリーと正義が書かれていて、誰にも邪魔することはできない絶対的な真実があった。深追いせず、そっと見守ることが祝福になる時もあると学んだ。


固まったお母さんたちの顔を見つめながら、私はゆっくりと話し続けた。

「世の中には、たくさんの〈人を表す言葉〉があります。背の高い女の人、足の速い男の子、髭《ひげ》の長いおじいさん……。その中でも『○○ちゃんのお母さん』ほど、尊い呼び方はないと思います。

家族が笑顔で過ごせるよう、あらゆる思考と手段を駆使して当たり前の日常を運営するのがどんなに大変なことか。洗濯、掃除、栄養バランスを考えた食事。子供の頃は目をつぶっていれば魔法のようにくるくると日常が進んでいったけど、大人になった今、それは魔法ではなかったとよくわかります。

そして、私の母が『直子ちゃんのお母さん』と呼ばれていたように、私もいつか『〇〇ちゃんのお母さん』と呼ばれたいです。それは世界で一番、強くて優しい肩書きだと思うからです」

何度も頷いてくれるお母さん、泣きながら微笑むお母さんを見て、心からの、本当に心からの尊敬の念を送った。

そして母になった今、あの時のお母さんたちに追伸があります。

「息子を連れて初めて公園に行った日のこと、今でもはっきり覚えています。まだ歩けない息子をベビーカーに乗せて、ドキドキしながらベンチに座りました。いつ泣き出すかわからない息子に全神経を集中させて、寒くないか暑くないか、お腹は空いてないか、おしっこはしてないか、同じことをぐるぐると考えていました。

その時『何ヶ月ですか？』と話しかけてくれた一人の女性がいました。ハッとしました。ドキドキしていたのは、息子がいつ泣き出すかわからないからじゃない。初めての公園に、私自身が泣き出したかったんだと気がつきました。孤独じゃないことが、こんなにも嬉しいだなんて。

その瞬間から景色が鮮やかに見え始めました。そして今、毎日ママ友と公園で会い、子育ての悩みから晩御飯のメニュー、旦那には言えないような女性の心身の変化まで相談し合っています。人見知りな自分も、集団行動が苦手な自分もひとまず部屋に置いておいて、まずは話してみること。過去の自分からは考えられません。

それは、愛しい我が子がこの世界で楽しく過ごせますように、というたった一つの想いだけ。それだけで『〇〇ちゃんのお母さん』であることに胸を張っていられるのです。そして、過去の自分のあらゆる経験は、『〇〇ちゃんのお母さん』で居続けられるための、必要な経験だったんだと今思うのです」

犬のいる生活

最初に犬を飼いたいと言ったのは私だった。

子供の頃から犬が大好きで、よく野良犬を連れて帰っては怒られていた。親の目を盗んでこそこそパンや牛乳をあげるのではなく、朝起きたらおはようと言って抱きしめ、忠犬ハチ公のように私の帰りを待ち望み、夜寝る前にはそっと毛布をかけてあげるような、そんな甘い生活にずっと憧れていた。犬が欲しい。犬と暮らしたい。犬の背中をマフマフしたい。

しょっちゅう海外ロケに行く私にはきちんと犬の世話なんてできないと反対する夫を何年間も説得し、散々話し合った結果、やっと迎え入れることができたのは一匹の保護犬だった。雄のシーズーで、当時の年齢は推定六ヶ月。道に捨てられていたところを保健所に保護され、殺処分の一日前にボランティア団体によって引き取られた仔犬だった。

当の本人は、そんなストーリーなんてまるで興味がないような穏やかな表情で、じっとこちらを見る目は澄んだ泉のように無防備だった。まだ幼さが残る体を抱き上げると綿あめのように軽く、腕の中の温もりはずしりと重たかった。その綿あめに、ピピという名前をつけた。

ピピちゃんは、結婚十一年目の穏やかな生活を大きくかき回した。休みの日も早く起きて餌をあげなければならない。家でずっと作業したい時も中断して散歩に行かなければいけない。今まで自由気ままに暮らしてきた私たち夫婦にとって、その小さな時間の縛りは大きな戸惑いとなった。

何より困ったのはトイレのトレーニングだった。夫婦で選んだお気に入りのソファに何度も粗相をし、自分の排泄物を食べてしまったあとは私がピピちゃんの顔を洗い、夫が床にこびりついた残骸と格闘した。それは私が憧れていた犬のいる生活とはまるで違い、優雅さのかけらもなかった。

餌の時は別の獣《けもの》のように豹変し、器に顔を突っ込んで唸りながら食べ、器を下げようとしたら指を噛んだ。何度も噛まれ、何度も血が出た。そのたびに、私もピピちゃんも赤い血をじっと眺めた。

少しずつ二人と一匹の生活が形になってきた頃、犬が大好きな祖母に見せたくて札幌に連れて帰った。祖母はとても喜び、ピピちゃんの頭をくしゃくしゃと撫でながらこう言った。

「あんたたち、よかったね。ピピちゃんが幸せ運んできてくれたね」

そうか、そうなのだ。かわいそうな保護犬を幸せにしてやっているのではない。私たちはお互いの心地よい暮らしを模索していたのだ。上でもない、下でもない。ただ認め合いたい。目の前のなんてことない日常に、ささやかな幸福の風を吹かせたい。

私は餌を掌ですくい、一口ずつあげることにした。人の手は優しいと伝えたかった。ドーナツのような丸い犬用ベッドに寝かせ、来る日も来る日もマッサージをした。人の手は心地よいと伝えたかった。

その新しい変化は確かに活気に満ちていた。休みの日も早起きするようになると、疲れにくい体になった。毎日散歩すると、花の香りに季節を感じるようになった。初めてトイレが成功した時は、夫婦で抱き合って喜んだ。優雅さがない代わりに豪快な笑い声があり、大変さと引き換えに沸き起こる愛情と癒しを得ることができた。そして餌を、ご飯と言うようになった。

そんなある日、私は妊娠していることに気がついた。結婚十四年目のことだった。そろそろ子供が欲しいと夫婦で話してはいたものの、まさかこのタイミングでできるとは……。

私は十日後に控えていたイタリアロケを泣く泣く辞退し、ぽっかりと空いた二週間の休みをどう過ごすかぼんやり考えていた。

「あー、イタリア行きたかったなぁ」

そんなことを何度か口にしていた数日後、血が出始めた。染色体異常の早期流産だった。

嬉しいも悲しいも置いてきぼりで、次々と起こる自分の体の変化をまるで他人事のように見つめていた。

止まらない出血、生理痛の何倍もの激しい痛み。またトイレに行ってナプキンを変えなきゃ。でもお腹が痛くて起き上がれない。痛い、痛い。何でこんなことになったんだ。くっそう、痛い。目をぎゅっとつむりながらベッドの上でくの字になり、うんうん唸っていたその時、お腹がじわりとあたたかくなった。

驚いた。

ピピちゃんが、私のお腹にそっと寄り添うように丸くなり、背中をぴったりとつけていたのだ。いつも私が寝転がると、必ず顔の横に来て撫でて欲しいと催促するピピちゃん。私の寝相が悪くて朝起きたら足元に移動していることはあるけど、後にも先にもお腹にぴったりとくっついたのはこの時だけだった。

四・七キロの重さとあたたかさが、痛みをぐんぐん吸い取ってくれた。そして吸い取られた痛みは涙に形を変え、やっと私の目から外に出て行った。

ごめん、ごめんね。全然ダメなお母さんだったね。後悔も希望も、全部全部愛情に変えるから。また必ず私のところに来てね。必ず抱きしめるから、ごめんね。

私が立ち上がれるようになるまで、ピピちゃんはまるでそんなことには興味がないように、ずっとお腹に寄りかかっていた。

それから半年後、私は子供を授かった。何もかもが繋がっていて、何もかもが必然なのだと思う。本当に世界は面白い。

「ピピちゃん、うちの子になってくれてありがとう。大好きよ」

声に出して伝えると、澄んだ泉のように無防備な目で、じっと私を見つめていた。

ワタシ的ミステリー

昔からトイレはかなり近い方だ。飲んだらすぐ出る、食べてもすぐ出る、まさに人間ホース。代謝がいいのか、燃費が悪いのか。学生時代は休み時間のたびに必ずトイレに行っていたし、モデルになってからも遠出のロケの時は現地に着くまでなるべく水分を取らないように気をつけている。

だから私は、よく訊かれるこの質問にも即答できる。

「ミステリーハンターだった頃、一番大変だったことは何ですか？」

二十五歳の時に、子供の頃からずっと憧れだったテレビ番組『世界ふしぎ発見！』のミステリーハンターになりたくて、マネージャーを説得し制作会社に電話をして面接のアポイントを取ってもらい、一ヶ月後にやっと番組プロデューサーに会うことができた。千載一遇のチャンスとばかりに必死で番組愛を伝え、その一週間後にフィジーのロケに採用されることが決まった。めちゃくちゃ嬉しかった。「自分で運命を切り開いたった！」と、その時は本当に空も飛べるような気がした。

フィジーではスキューバダイビングをすることが決まっていたので、張り切ってライセンスを取り、体調を整え、万全の体制でロケに臨んだ。

ダイビングロケの当日、船に乗り込む前にトイレに行った方がいいとのことで、ビーチでトイレを探した。しかし観光化された場所ではなかったため周りにトイレはなく、男性スタッフは皆サササッとその辺で用を足していた。カメラマン、音響スタッフ、ディレクター、AD、コーディネーター、全員が男性だった。

仕方なく影になるような茂みを探したが、辺りを見渡すとヤシの木がパラパラと生えているだけで、体をすっぽり隠してくれるようなところはどこにもない。唯一あるのは、網やバケツなどを収納するための小さな掘っ建て小屋だけ。ダメだ、もう漏れそうだ。

やぁるなら　いっましっかねっえ～

そうだ、北の国からの五郎もそう歌っていたじゃないか。いや長渕剛か。この際どっちだっていい。今大切なのは、私の、私の膀胱だ！

私は小屋の裏で用を足すことに決め、恥を忍んで男性ディレクターに見張り役を頼んだ。ディレクターは親切に小屋のすぐ横の壁側に立ち

「大丈夫、ここで見張ってるから。誰か来たら追いはらうから」

と、小屋の裏でまさに今、用を足そうとしている私に声だけで安心感を与えてくれた。

ああ、よかった。ありがとうね。

ジョーーー。

日本では用を足す時の音ですら恥ずかしいという繊細な価値観から、ボタ

ンを押せば川のせせらぎや鳥のさえずりの音が流れるという、何とも日本人らしい細やかな配慮が公の場のトイレには施されている。そんなことを異国の地で考えながら、私はこれから始まるミステリーハンター人生の、本当のワタシ的ミステリーをしかと受け止めていくぞと、ここで意を新たにした。やるなら今しかねぇ。

それから妊娠するまでの十二年間、本当にたくさんの国に行かせてもらい（しっかり数えていないけど、おそらく五十ヶ国以上）、様々な体験をした。今でも私の青春だったと言い切れるほど、毎回思い切り悩み、腹の底から感動し、そしてたくさんの宝物に出会えた。

そんな私の財産である宝の山から、ワタシ的ミステリーをもう一つだけ記しておきたい。

それは今でも時々夢に出てくるほど強烈な衝撃だった、インドでのある昼下がりのこと。次の取材地に向けて長い移動中だったロケ隊は、ランチ休憩のために小さな村の食堂に立ち寄った。

長い移動で疲れた身体にカレーがしみる。よく訊かれるのだが、インドは本当にどこに行ってもカレーだらけで、そしてどこで食べてもとても美味しい。

ランチを終え、スタッフ皆がトイレに行きだした。インドの田舎の小さな村はトイレがない家庭も多く（私がよく行っていた頃の話なので、だいぶ変わったと思うが）、皆公衆トイレで用を足していた。しかしあまり衛生的とはいえず、男性はその辺で大も小も済ませることも多かった。女性はというと、その辺でというわけにもいかない。家の裏の方に背の低いベニヤ板などを一枚立てかけて、そこでしている人もいたが、やはり公衆トイレの方が多く利用されているようだった。

さて、ここはどうかな。コーディネーターに公衆トイレの場所を尋ねると、十メートルほど先の掘っ建て小屋を指差した。

はいはい、あそこね。オッケーオッケー。もう結構な数のロケを経験していた私は、着々とワタシ的ミステリーの経験値を伸ばし、ちょっとやそっとのことではビビらない図太さを手に入れていた。

トイレットペーパー片手にトイレへ向かう。だんだん近づいてくる。あと四〜五メートルという時、ツンと鼻を刺す悪臭が漂ってきた。お、結構きつめだな。本当ならば私も外で開放的に済ませたいのだが、まだまだ男尊女卑が残る土地にお邪魔をしている以上、異国の価値観を振りかざすことほど危険なものはない。

トイレの前まで行くと、目がしみるほどの悪臭が体を包み込む。意を決して息を止め、今にも崩れ落ちそうなボロボロの木の扉に手をかけたその時、ブーンと蜂がやってきた。「ヤッホー蜂さん。ウフフ、アタシ蜂なんか全然平気の平左なのよん。それよりもこの臭いが」と思いながら扉を開けた瞬間、私の目に飛び込んできたのは巨大な蜂の巣だった。

考えるよりも先に扉を閉めていた。これが反射神経というものか。何歩かあとずさりをし、「冷静になれ、冷静になれ」と自分に言い聞かせる。

もう一度そっと扉を開け、蜂の巣を観察してみる。入り口から見て部屋の右上の角のところに、小型犬が丸くなって寝ているくらいの大きさのゴロッとした蜂の巣があり、今にも噛みつきそうな異様なオーラを放っていた。空間には無数の蜂がブンブンと飛び回っていて、いかにも「あっち行け」と私に伝えていた。ここで用を足すなんて、無理だ……。

しかし、そこである疑問が浮かんだ。地元の女性たちは、どうしているのだろう。家にトイレがない女性たちは、おそらくこの公衆トイレで毎日用を足しているはず。まさか、そのたびにお尻を刺されているわけはないだろう。

ごくりと唾を飲み込み、真ん中に掘られた穴を見つめる。畳二畳分ほどの四角いスペースの床はむき出しの地面になっていて、その真ん中にはぽっかりと穴が口を開けていた。奥の左角にはバリバリに割れた大きなバケツがあり、その中には水と、水をすくう手桶が入っていた。インドではトイレットペーパーを使わずに左手でお尻を洗う文化があり、その際このバケツの水を使うのだ。バケツの中の水がなくなれば、またすぐに水がくまれる。

ということは、このトイレはやはり生きている。ごくり。さらに中を観察すると、手前の左角にこんもりと盛られた小山を発見した。こ、これはっ！

それは村の女性たちの分身。そこで用を足した証拠だった。二十センチほどの高さの小さなピラミッドができており、上の方は割とフレッシュだった。

そこは蜂の巣がある場所からちょうど対角線上の角にあり、この狭いトイレの中では最も蜂の巣から離れた場所だった。おそらく、蜂の巣が少しずつ大きくなるにつれ、真ん中の穴で用を足すたびにお尻を刺され、「どうしたもんか」となり、最も離れた隅っこの角で試してみたのだろう。その結果、皆「あそこなら刺されなかったよ」となり、おそらくこのピラミッドが出来上がったのではなかろうか。

やぁるなら　いっましっかねっえ〜

耳元で五郎が囁《ささや》いた。いや長渕か。この際どっちだっていい。

私は意を決し、ズボンの裾をまくり上げ、息を止め小さなエジプトゾーンへ進んだ。

初めてギザのピラミッドの取材をすることになった時、緊張のためいろいろな本を読み漁り、ロケ当日の朝、エジプト考古学者の吉村作治先生に

「ピラミッドの正体は太陽神ラーの墓だと思いますっ！」

と興奮気味に言うと、先生は否定も肯定もせずにこやかに笑って次に読むべき本を（特に太陽神ラーの本を）何冊か教えてくれた。そういえばその本をまだ読んでなかったなぁ。次に先生にお会いする時までには読んでおかないと。

ブンブン、ブンブン！

スロベニアの養蜂場を取材した時、そこのオーナーの初老の男性が、蜂はこちらが攻撃をしなければ絶対に刺してきませんと言って、一人だけ防護服を着ずにTシャツと短パンで蜂たちと触れ合っていた。「いや、何箇所か刺されていますよ」と喉まで出かかったのをグッとこらえたのは、私が余計なことを言うときっと大きな身振り手振りで一生懸命返答してくれて、また刺されてしまうんじゃないかと思ったからだ。優しい方だったなぁ、元気にしているだろうか。

ブンブン、ブンブン！

空中を舞うといえば、オーロラほど神秘的なものはない。ノルウェーでオーロラの取材をした時、最初の日程では見ることができず、後日カメラマンとディレクターと三人でロケを強行したこともあった。その時やっと見られたオーロラはまさに天女の羽衣で、夜空でワルツを踊っているようだった。

もし息子に彼女ができて「結婚したいけど中々イエスと言ってくれない」となったら、オーロラを見ながらもう一度プロポーズしてみなさいと教えてあげよう。

世界は広い。世界はふしぎ。そして世界は一つ。

今、蜂の羽音をBGMに、私はこの村の女性たちと一体となった。

気づいたら外にいた。何と、一箇所も刺されていなかった。一歩ずつゆっくり歩いた。まだ蜂がいるかもしれない。少しずつトイレから遠ざかり、そして振り返らずに一気に走った。

なんて美味しい空気なんだ。ありがとう空、ありがとう太陽神ラー、ありがとう蜂、ありがとう村の女性たちよ！

私は大きく深呼吸して、まくったズボンの裾を元に戻し、何事もなかったようにまたロケバスに乗り込んだ。

かくかくしかじか母物語

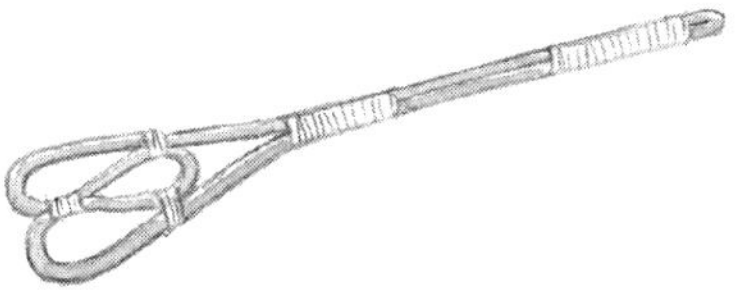

最近よく旦那に
「ナオ、今の言い方ママにそっくりだよ」
と言われるようになった。それは大抵焦っている時か、テンパっている時か、慌てている時である（あ、全部同じか）。
母・律子《りつこ》は、私がこの世で一番恐れている存在である。お化けよりも貞子よりもゾンビよりも恐ろしい、恐怖の象徴である。いつもきびきびと動いていて、日曜日の朝は大きな声で
「あさだあ〜さ〜だ〜よ〜。あさひが〜のぼ〜おる〜」
と大音量で歌いながらわざと大きな音を立てて、拭き掃除や掃き掃除をして家族を起こしていた。

それはとてつもない迷惑行為なのだけど、正義や道徳や規律を重んじる母にとっては私たちの方がよっぽど迷惑だったに違いないし、母がそうだと言えばそうなる法律が浜島家にはあった。

浜島家にはお尻叩きの刑というのがあり、それはまさに泣く子も黙る最高刑だった。二階の部屋に置いてある布団叩きで、うつぶせになりお尻を叩かれるのだが、それがもうめちゃくちゃ怖かった。いつもお説教の最後に「二階に上がりな」と言うか言わないか、それだけが心配で生きた心地がしなかった。

叩くと言っても手加減をしていたので、痛みはさほどない。最高刑がくだってしまって、これから執行されてしまうという事実そのものが怖かった。恐怖に震えながら、「何かとんでもないことをやらかしてしまったんじゃなかろうか。私のバカ！」と愚かな自分を猛省した。

そんな絶対的存在の母は、週に一度ママさんバレーに通っていた。誰にも文句を言われないよう、前日の夜からカレーを仕込み、仕事から帰ってきたらマッハでスーツからジャージに着替え、じゃ行ってくるねと言って、またマッハで小学校の体育館へと消えていった。

「またカレー、週に一回は必ずカレーだね」

と祖母はブツブツ言っていたが、残すことはなかったし、他のものを作ることもなかった。私と姉は
「時々はシチューだよ」

と言って、カレーを食べた。

そんなある日のこと。夜九時過ぎ、ママさんバレーが終わって帰ってきた母に、恐る恐る私は言った。

「明日の工作の授業で、木で何か作らないといけなくて。木を準備しないといけないいんだけど、いいのが見つからなくて……」

本当はもっと早く伝えるべきだったのだが、普段から自分のことは自分で

しなさいと言われていた私は、仕事に家事に忙しそうな母に中々話を切り出せなかったのだ。友達は皆ホームセンターできれいに整った積み木のような工作セットを用意してもらっていたが、そんなことに母の貴重な時間とお金をかけさせるだなんてと思うと、ますます言い出せなくなっていった。

「何でもっと早く言わないの！」

じっと私の顔を見つめていた母だったが、次の瞬間、汗だくのジャージ姿のまま外に飛び出していた。

心配になり外に見に行くと、暗闇の中、懐中電灯をかたわらに置き、庭の木の枝をゴリゴリと切っていた。何箇所か枝を切り、その辺に落ちていた枝も拾い集め、

「よし、よし」

と時々独り言を言いながら、何かを確認していた。そしてそれらを抱えて家の中に入り、玄関に新聞紙を広げ、その上で枝をいろいろと組み合わせ、

長すぎるところは切ったり折ったりして微調整を始めた。私は神聖な儀式を見守るような気持ちで、ドキドキしながらじっと待った。

一体何ができるんだろう。こんなギリギリに言うから、ものすごく怒っているに違いない。このあとお尻叩きの刑だろうか。そう思った瞬間、パッと嬉しそうに母は顔を上げた。

「ナオ、ほれ見てごらん！　こことここばこうやって合わせると鹿、鹿になるしょ。いい？　これがツノね。これが顔。これがちょうど脚になるしょ。わかる？　あとはしっかりボンドでとめるだけだから、いいしょ。ほれ鹿、わかった？」

次の日の工作の時間、ツルツルした積み木のような木材の中、私のゴツゴツした野生的な枝はかっこうの餌食《えじき》になった。先生でさえも
「すごいの持ってきたなぁ」

と驚いて笑っていた。

恥ずかしい恥ずかしい恥ずかしい。何で私だけ、何で……。喉がきゅんと痛くなったその時、母の匂いがした。

「ナオ、ほれ見てごらん！　ここところこばこうやって合わせると鹿、鹿になるしょ」

ジャージのままゴリゴリと枝を切っていた背中、汗で固まった前髪、パッと顔を上げた時の、嬉しそうなテカテカの笑顔。私は母の汗の匂いをぎゅっと胸に吸い込み、黙々と鹿を作り始めた。

「あの鹿、毎週バレー行くたびに見てたよ。結構長いこと廊下のガラスケースのとこに飾られてたしょ。きっと他にあんなワイルドなのいなくて、珍しかったんでないかい？　それにしても、あの時は本当に焦っちゃったわ」

そう言ってあっはっはと笑うと、私の腕の中で眠っていた息子がピクリと動いた。いつだって母は声が大きい。

「トモとナオがお尻にパンパンにタオルを入れて二階に上がってきた時、可愛くておかしくて、笑いをこらえるのに必死だったわぁ。でも子供たちなりに一生懸命考えたんだなぁと思ったから、そのまま知らんぷりしてお尻叩いたけどね」

え、バレてたんだね。お姉ちゃんと協力してうまくタオルを入れたつもりだったんだけどなぁ。

私は耳の悪い母が聞こえやすいよう、そっと体を傾ける。

二人でまた大笑いするが、おっぱいをたらふく飲んだばかりの息子はちょっとやそっとの笑い声では起きなさそうだ。

「ナオが東京に行ってモデルになりたいって言い出した時、本当は応援しなきゃってわかってたんだけど、ああ遠くへ行ってしまうと思うと胸が張り裂けそうで、必死で反対したの。いやぁ悪かったねぇ」

そうだったんだね。そんなこと初めて聞いたよ。あの時はただ頭ごなしに反対されていると思って、私も結構ひどいこと言っちゃった。ごめんね。

時間という湖に母というボートを浮かべ、二人でそっと乗り込む。向かい合い、ぽつりぽつりと出てくる言葉はどれも子供への愛情に満ち溢れていて、厳しさのかけらもない。あの時のあの言葉さえも、このボートの上では舞い落ちる桜の花びらのようにつつましく、思慮深い。

母になり、母をわかり、母に近づく。決して交わることのできない私とアナタという一人の人間が、お互いを認め合おうとしている。

そして今、私はアナタのような母になりたい。

パズルのピース

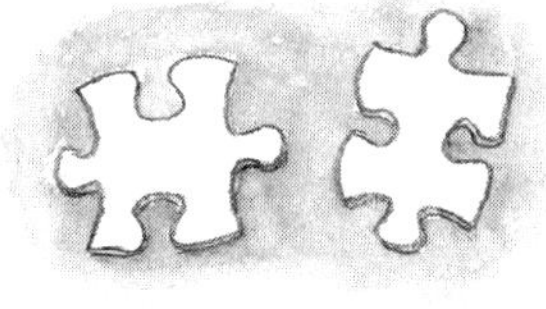

三つ上の姉・智子《ともこ》とは、いつも喧嘩ばかりしていた。どちらのおやつの方が多いだとか、姉が開けたドアで私が部屋に入ったのが気に食わないから一回外に出て自分で開け直せだとか、押したの押さないだの、とにかく仲が悪かった。一緒にお人形遊びをした甘い記憶などは、どこを掘っても出てこない。姉にしたら要領のいい妹の存在がムカついてたまらなかったのだと思う。

そうかと思えば、やはり姉として生まれた宿命なのか、いざという時はきちんとお姉ちゃんだった。

デパートの屋上で豆まきがあり、母が買い物している間だけ二人で参加していいことになった。姉も私もワクワクして、

「こうすればたくさん拾えるかも」

とふざけながらセーターの前を引っ張り合いっこした。

「鬼は〜外〜！　福は〜内〜！」

スタートと同時に大きな脚がドッと動き出した。私のすぐ目の前に柿ピーの小袋が落ち、拾おうと手を伸ばした瞬間、大人の脚がドスンと当たり、私はその場にバタンと倒れ、火がついたように泣き出した。泣いて泣いて泣いているのだから、豆やお菓子なんて全く拾えず、それが悲しくてまた涙が出た。

その時、姉がサッとしゃがんで背中を差し出し
「ほら、乗りな」

と言ってくれた。あんなに楽しみにしていたのに、豆もお菓子もこれっぽっちも未練がないよという、その迷いのない七歳の背中に、四歳の私はしがみついた。

母が屋上に迎えに来た時、母の顔を見て姉も私も泣いたけど、二人で一つ

みたいにぴったりとくっついている姉妹の姿を見て、母は嬉しそうに笑っていた。

そう、本当は二人で一つだったんじゃないかと思う時がある。それが何かの試練か宿命か運命か、よくわからないけど分離して、それぞれの肉体でめいめいの得意分野を頑張らないといけなくなったんじゃないかと、時々ボワンと不思議な感覚に包まれることがある。

お姉ちゃんだから。お姉ちゃんなのに。

まだ満ちていないのに塩だけどっさり入れられたら、喉がカラカラに乾いてしまう。大人でさえそうなのだから、小さな子供ならなおのこと。分離して、たまたまお姉ちゃんとして生まれることになった姉は、片割れの妹を妬《ねた》んだり羨《うらや》んだりしながらも、本来の穏やかさを取り戻そうと必死でもがいていたのかもしれない。

週に一度のピアノ教室のある一日、姉と私はちょっとしたいたずら心で、この世界を抜け出してみることにした。

教室は先生の自宅の庭の離れにあった。いつも庭の入り口まで母に車で送ってもらい、車を降りると庭を通り抜けて教室まで歩いて行く。その日もいつもと何ら変わりはなく、母が
「じゃあ、頑張ってね。いってらっしゃい」

と、車の中から私たちを送り出し、またエンジンをかけ去って行った。計画は順調だった。

姉と私は丸い敷石をピョンピョンといくつか渡り、きれいに手入れされた植木や花々の向こう側に灯る教室の明かりを見た。このまま敷石の上を歩いて左に曲がると、そこにはいつものピアノ教室がある。扉を開けて、挨拶して、代わり番こにレッスンを受けて、シールをもらって、また車に乗って家に帰る。それがピアノの日の私たちのいつもだった。

姉と私はお互いの意思を確認するかのように目を見合わせ、左には曲がらず、まっすぐ目の前にある小さな裏口へと進んだ。

裏口の扉を開け、外に出る。しかしどこにも行くあてはないので、二人はその場にしゃがみ込んだ。しゃがみ込んでウフフと笑いながら、

「ママたち心配するかなぁ」

「びっくりするんじゃゃない？」

「きっと探すよね」

「それまでシー、ね」

などとヒソヒソ言い合っては、またウフフと笑った。

お互いの体をぴったり寄せ合い、少しずつ暗くなっていく空気に溶け込むようにじっと息を潜めていると、普段喧嘩ばかりしているいつもの姉ではないような不思議な感覚に包まれ、頭の中でまたボワンと音が響いた。私の目をきちんと見てくれるのがとても嬉しい。その眼差しは、頼もしくて優しく

て、懐かしくて愛しい。

ずっとこうしていたい。ここに留まっていたい。離れたくない。ピアノなんてやりたくなんかない。シールもいらない。姉でもなく妹でもなく、パズルのピースがピタッとはまるように、もう何もする必要がなく、ずっとこうして穏やかに時間を眺めていたい。

「こんなところにいたの？」

ピアノの先生が中々来ない私たちを心配し、母に連絡をして、あちこち探してくれたのは言うまでもない。家に帰ってから母にこっぴどく怒られている時はもういつもの姉と妹で、またそれぞれの世界でおのおの頑張るライバル同士に戻っていた。

ボワンは、成長とともに少しずつ減っていった。

ただでさえ喧嘩ばかりしていたのに、小学校に行くようになると友達とのつき合いで忙しく、姉は姉の、私は私の世界を満たすのに精一杯だった。

久しぶりにそれを感じたのは、私がモデルになりたいと言い出して家族全員に反対されていた時だったように思う。

ずっと私の将来なんて全く興味がないかのように無関心な態度を貫いていた姉が、

「ナオの人生なんだから、誰に何言われたって、頑張るしかないしょ」

と言ってくれた時、ふいに懐かしい感覚に襲われ、ふわりと身体が軽くなった。

姉でもない。妹でもない。

「久しぶり、元気だった？　そっちはどう？」

「あぁ、元気だよ。会いたかったよ」

ほんの数秒の間、パズルのピースが完璧に合うように、ぴったりと一つになり、確認してまたそれぞれの世界に帰っていく。

それから二十年以上経ち、姉は旭川で四人の子供のお母さんとなり、私は今でも東京で仕事を続けている。

「ママね、あんたたちを見てて思うの。自分がやれなかったこと、中途半端にしちゃったことを娘たちが頑張ってるんだなぁって。トモは朝から晩までしっかり子供たちに向き合って頑張ってる。ナオは自分の仕事をがむしゃらに頑張ってて、あぁ自分ができなかったことを、子供たちがしっかりやってくれているなぁって。上手く言えないけど、よかったなぁって思うの」

久しぶりに大きく音が鳴った。

ボワン、、、。

猫の尻尾とコウモリの牙

「わしらの姫さまはこの手が好きだと言ってくれる。働き者のきれいな手だと」という台詞が『風の谷のナウシカ』にある。これは風の谷の住人のおじいさんが、毒におかされてゴツゴツとした自分の手を見ながら言うのだが、そのシーンがとても心に残った。まだ小学生だったけどナウシカのように強く優しい人になりたいと思ったたし、おじいさんのように働き者の手の持ち主になりたいとも思った。

中学生になって少しずつお洒落にも興味を持ち始めた頃、『君の瞳に恋してる！』というドラマに出ていたミポリン（中山美穂）が可愛くて可愛くて、ちょっと不機嫌な顔でコーヒーカップを持ち上げた時の女らしい指先にドキドキした。透き通った桜色のマニキュアと、ほどよく伸びた爪。私もミポリンのように、喜怒哀楽に色気がある美しい指の持ち主になりたいと思った。

十三歳の好奇心は止められず、私は爪を伸ばし始めた。

もうとっくにピアノはやめてしまっていたし、まだ全く料理をしたことのない指は、ひき肉やらニンニクやらがびっしり爪に詰まって困る心配もない。

ミルク色が少しずつ伸びてきた頃、母が
「ナオ、あんた不良になったのかい？」

と言った。顔は笑っていたけど目は笑っていなかった。

「なってないし」

と言って、母の視線から逃げるように二階の自分の部屋へ行った。

ベッドに寝転がり、宙で自分の指を見つめる。まだほんの五〜六ミリだけど指先からにょっきりと顔を出した爪はとても存在感があり、知らない大人の手のようだった。

指を動かすと指先から見えない糸が出ているように残像が残り、猫の尻尾がしなやかに空気に絡みついているみたいだった。

いつか大人になってマニキュアを買う時は、絶対に透き通った桜色にしよう。自分だけのささやかな決心は、マシュマロのようにふわふわと甘く柔らかく私を包み込んだ。うっとりと甘さに身を委ねると、いつしか私はミポリンとなって不機嫌そうにコーヒーカップを持ち上げ、そのままマシュマロの中で眠った。

朝目覚めると、左手の人差し指の爪が欠けていた。斜めに鋭く切り込みが入り凶器のようになった爪先は、キーキー叫んでいるコウモリの牙《きば》を思わせた。しばらくじっと見つめていたけど欠けた爪は元には戻らず、仕方なく爪を切り落とした。十分の一は、十分の十よりも惨めさを増し、すべての爪を切らざるをえなかった。

それは何度も繰り返された。何度も何度もミポリンになろうと思ったのに、猫の尻尾は朝起きると必ず一本だけコウモリの牙になっていた。そしてそれは必ず左手の人差し指で、同じ角度、同じ深さの切り込みだった。

さすがに変だと思った私は、母に
「勝手に爪切るの、やめてくれない」

と言った。母は、

「え、何のこと？」

と笑顔で言ったが、やはり目は笑っていなかった。

十七歳の夏、私はモデルにスカウトされた。ちょうど進路を決めなければいけなかったタイミングでの、まさに最後の、そして最大のチャンスだった。

職員室で当時仲のよかった先生に、自分の本音を打ち明けた。ずっとモデルになりたかったこと。高校一年生の時にティーン誌でモデルオーディションがあり応募してみたけどダメだったこと。親が猛反対をしていて絶対に許してくれそうにないこと。でも私はどうしても諦められないこと。

先生は膝の上で手を組み、じっと私の顔を見つめながら黙って聞いてくれた。何度も頷き、時折微笑み、顎に指を当て考えてくれた。先生の爪は短く清潔に整えられ、シミ一つない白くてきれいな手だった。

「浜島、人生は出会いによって決まるんだぞ」

私のこぼれ落ちた不安を一つ一つ丁寧に拾い集めてくれたその手は、私にとって初めて勇気をくれた手になった。


その手から電話がかかってきたのは、高校を卒業してからもう二十年以上たった頃だった。私は息子のパンツを干している最中だった。

「浜島、元気か？　時々テレビで見てるぞ。すごいな、立派になったなぁ」

懐かしい声はすぐに私を十七歳の夏に戻した。

「先生、お元気でしたか。お電話ありがとうございます。嬉しい！　お変わりありませんか」

この前大勢の孫に囲まれて喜寿のお祝いをしてもらったこと、元同僚の先生たちとも時々会っていることなど、いくつか近況報告をしてくれたあと、先生はさて、という感じで私にこう言った。

「ところで浜島、今新宿区に住んでるだろ。あの時のアドバイスから本当に東京に行ってよく頑張っててえらいよなぁ。私も嬉しいよ。それでな、浜島。実は、今度の都議会議員の選挙なんだけど、新宿区から出馬してる○○党の○○さんが、すっごくいいんだよ。浜島、○○さんを応援してくれないか」

一瞬何のことかさっぱりわからず、

「え、その方は先生のお知り合いなんですか？」

「いや、会ったことはないんだけど」

「では何で？　何か取材記事とかを読んだんですか？」

「いや、特に読んだりはしてないけど」

という会話が繰り返された。

徐々に状況を理解し始めた時、自分の中の何かが冷たく固まっていくのを感じた。私はまだ干している途中だった息子のパンツを触りながら、自分の手をじっと見つめた。

ひき肉やらニンニクやらが詰まらないよう、ギリギリまで短く切られた爪。バキバキ鳴らすのが癖で太くなった指の節。いつの間にかできたいくつかのシミ。全く手入れをしなくなった爪はでこぼこで、甘皮も当然のように張りついていた。あの時もあの時も、殴られたようなショックを受けた時はいつもこうして、自分の手を、指をじっと見つめていた。いつからだろう、マニキュアを全く塗らなくなったのは。

でもそれは、私の中で寂しいことではなかった。透き通った桜色のマニキュアも自分で経験して、感じて、選択してきたことだから。諦めたのではなく、もう必要なくなったのだ。十三歳の精一杯の背伸びをきちんと取り戻し、私なりに次に進めたのだ。

初めて煮物を作った時。マスカラを塗った時。銀行で口座を作った時。好きな人と手を繋いだ時。息子をこの胸に抱いた時。

すべて、何一つこの手から落とすまいと、希望を両手で包み込んできた。

そしてこれからも、この手で。私の。私を。

「わかりました。では、その人の公約を読んでみて、もしも私が本当にいいと思ったら、その人に一票入れますね。先生、今日はお電話ありがとうございました。久しぶりにお声が聞けて嬉しかったです。またお会いできる日まで、どうぞお元気でいてください」

私は、私のやり方で、ナウシカにだってミポリンにだってなれる。

生まれたままの私の手で、また洗濯物を干し始めた。

正しい人見知り

子供は嘘がつけない。ついたとしても、「今嘘をついています」とバレバレの表情や仕草で相手に伝えてしまい、それがまた何とも可愛らしいなぁと、五歳の息子を見ていて思う。

特に知らない人に会った時や自分が注目された時、口元をキュッと結び、笑っているんだか、困っているんだかわからない表情になる。目だけ不安げに泳いでいるのを見ると、これが世に言うところの正しい人見知りだと、微笑ましい気持ちになる。

過去に何度か「私、人見知りなんで」と言われた経験があるが、「だから気遣ってね」と、ぺろっと舌を出されたような違和感があり、そのたびにざわりとした心持ちになった。正しい人見知りは、自分から人見知りだなんて絶対に宣言しないものだ。

そもそも、人見知りじゃない人なんているのだろうか。皆何かしらの不器用さや不得意を抱えていて、それをどうにかして補おうとあれこれ悩みながら、自分なりのコミュニケーションの取り方を習得していくのではないだろうか。

父の仕事柄、私は転校を繰り返したのだが、「転校生だから仕方ないよね」と甘く見てもらえるのはせいぜい三日。すでに雰囲気が出来上がっているクラスにどうにかして馴染もうと心の目をギョロギョロ動かしながら、いつも辺りを観察していた記憶がある。

小学五年生の夏休み明け、札幌から富良野の学校へ転校した時もそうだった。二学期が始まり、新しい班を決めることになった。まず班長になりたい人が自ら立候補をして、自分の班に入れたい人を順番に指名してグループを作っていくというやり方だった。

な、何と恐ろしい。

転校してまだ三日やそこらの私のことなどきっと、いや絶対に誰も指名なんぞしてくれるはずがない。残った私はたらい回しにされ、人数合わせの都合で頭数の足りない班に無理やり入れられることになるだろう。そしてその班長はチッと舌打ちし、こんなはずじゃなかったと思うに違いない。そりゃそうだ。だって自分の好きな友達だけで構成されるはずだったユートピアに異物が紛れ込めば、目障りなのは当然だ。

そしてその空気はグループ内にも蔓延し、給食を食べる時も習字をやる時も遠足に行く時も、私に対する異物感は拭い切れず、表面的な必要最低限の会話だけがなされる。何なら目も必要最低限にしか合わせず、でもそれは絶対にバレないように静かに行われる。

外見上には何の問題もないある平凡なクラスの、ある平凡な班の一つにすぎない。それに合わせて、私も死んだ魚のような目で笑ったり頷いたりして、この班は何ら問題ありませんよ、と外部にメッセージを発信し続けなくてはいけない。そしてその結果、私の中の嵐は日に日に大きくなり、傘の骨がポキっと折れないようずぶ濡れの仁王立ちで次の班決めまでじっと耐えるしかなくなるのだ。

イヤダイヤダイヤダ。

「はいっ」

気がつくと、私は班長に立候補するために右手を挙げていた。

転校生がいきなり班長に立候補したことで教室内はざわついたが、「いや、違うんです。そういうんじゃなく、何というか、ずぶ濡れにならないためにはこの方法しか思いつかなかったんです」とは言えず、強張った顔で教室の前に出た。

私が最初に自分の班に指名したのは、A君という男子だった。A君には知的障害があった。

いつもニコニコ穏やかな彼はムードメーカー的な存在で、クラスの人気者だった。しかし、どの班長もまずは自分の仲よしメンバーを選んで班を作っていたので、率先してA君を指名することはなかった。A君は人気者だったけど、どのグループにも所属していなかったのだ。だから私は、まずA君を選んだ。

その日から、私の隣の席にはA君がいた。一緒にいるととても楽だった。いつもご機嫌で、人が嫌がることはせず、困ったことがあれば困った顔をして、わからないことがあれば「わかんない」とはっきり伝えてくれた。時々奇声をあげたり、机をバンバン叩いたりして突拍子もないことをしたけど、それでも腹にイチモツあるようなおませな女子や、意味もなく威張り散らしているような男子より百倍楽だった。

ある日は、A君がニコニコと私に向かって

「今トイレでウンコをしてきたんだけど、うまく拭けなかったんだよね」

と教えてくれた。

「どうりで何だか臭いと思ったよ」

と、私は保健室に連れて行った。

「浜ちゃん、ありがとう」

とA君はニコニコと言った。

ある日は、嬉しそうにパンツを下ろして自慢げにおチンチンを見せてくれた。

「風邪ひくからちゃんとパンツ履きな」

と言うと
「あ、そっか」

と言って素直にパンツを上げた。

「それに、私はA君のおチンチンあんまり見たくないから、もう見せないでね」

と言うと

「うん、わかった。浜ちゃん、ごめんね」

と申し訳なさそうに言った。

生きることは、他人と関わることなのだと思う。近所の人と挨拶をし、天気や体調などたわいもない会話をする。病気になれば病院へ行くし、髪が伸びれば散髪に行く。

自分は誰かといるより独りの方が気楽だという人もいるだろうが、それも他者がいてこその感覚だ。そういう人ですら、いつか年老いれば誰かに体を拭いてもらうし、オムツを替えてもらうだろう。

人が人らしく生活することは、相手に対してきちんとコミュニケーションが取れるか、ということではないだろうか。「ありがとう」や「ごめんなさい」をなくした日常は、きっと寒くて無気力だろう。

A君は私にとって先生だった。楽しかったら笑い、悲しかったら泣き、そしてまるで五歳児のようにオドオドと、正しく人見知りをした。

いつか学芸会で、息子に木や岩の役をひっそりやって欲しい夫と、大勢の前で堂々と主役を演じて欲しい私は時々意見が食い違う。しかし、息子がどんな役を生きようとも、たとえ人見知りであろうとも、相手をざわりとした気持ちにさせない実直さと想像力のある人間に育って欲しい。

くうくう寝息を立てる五歳の背中に、私はそっとキスをした。

マカロニ遺伝子

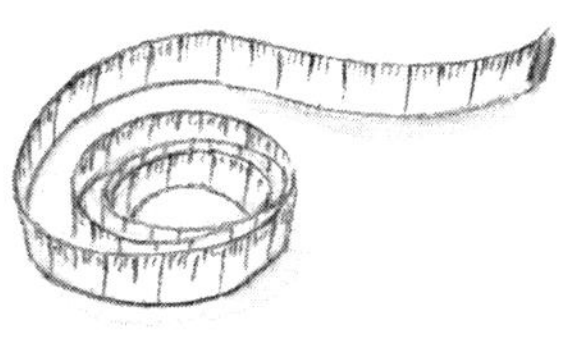

果たして、ダイエットをしたことのない女性なんて、この世の中にいるのだろうか。今よりもあと三センチウエストが細ければ、せめてこの二重顎だけでもシュッとしていれば……。きっかけは何であれ、今よりも痩せている方が美しさに直結すると信じて、誰しも一度は何らかの努力をしたことがあるのではないだろうか。

私は仕事柄、体型を維持しなければおまんまの食い上げになってしまうので、仕事を始めた十八歳の頃からこの二十五年間、ダイエットを意識してない時なんてない。

正確に言えば、痩せる努力というよりは、太らない努力と言った方がいいかもしれない。まずは野菜から食べる、エスカレーターより階段、信号待ちの時はお腹に力を入れ丹田《たんでん》を鍛える、等々。ダイエットというよりは、健康を維持するためのごく当たり前な行動がささやかな習慣となっている。

しかし若い時は他のモデルと自分を比べ、並んだ時により細い方が美しく見えると疑わず、それはもういろいろなダイエットを試みた。

ある時は寒天だけを食べ続け（食べ過ぎて気持ち悪くなり、戻してしまい終了）、ある時はリンゴだけを食べ続け（リンゴアレルギーが悪化して終了）、ある時はセルライトを退治すべく太ももをグイグイとマッサージし（強く押しすぎて内出血になり終了。あとでメイクさんにコンシーラーで隠してもらうことになり猛反省）、あと一キロ、あと一センチと数字だけが自分の魅力を判断する材料になっていた。

モデルは皆名刺代わりに、自分の顔写真と全身写真、そしてスリーサイズを記載したコンポジットというものを事務所に作ってもらう。マネージャーが営業する時や、初めてお世話になるクライアントに会う時などに資料として渡し、自分という商品を見た目で、数字で、そこから伝わる雰囲気で、まずは品定めしてもらう。だからコンポジットに記載されているサイズは、今の自分を表すとても大事なメッセージとなる。

二十代後半のある日、次の世界ふしぎ発見！のエジプトロケでアンケセナーメン（ツタンカーメンの奥さん）に扮装することになった。その衣装合わせに行かないといけなかったのだが、どうしても予定が合わず、衣装さんのところにコンポジットだけが送られることになった。

いつもお世話になっている扮装用衣装担当のHさんは、丁寧な仕事っぷりが素晴らしく、絶大な信頼を寄せている。本人が行かなくとも、いつものように私にピッタリな素晴らしい衣装を用意してくれるだろう。

そう思い、安心して迎えた撮影当日、早速ロケバスの中でアンケセナーメンの衣装を広げてみた。世界ふしぎ発見！の撮影にはスタイリストもヘアメイクもマネージャーも同行しないので、この時車内には私一人だった。

艶やかな光沢のある、白いノースリーブのワンピース。その上に着ける赤いビジューの首飾りはフェイクといえどもずっしりと重く、いかにもエジプトの王妃らしい華やかさがある。白と赤の組み合わせは黄金に輝く砂漠にも映えて、それはそれは美しいアンケセナーメンに私を仕立て上げてくれるだろう。

私はうっとりとしながら早速ワンピースに体を滑り込ませ、横のファスナーを上げようとしたが、ん？　上がらない。もう一度上げようとしたが、やっぱり上がらない。おかしい、そんなはずはない。今までに一度だってそんなことはなかった。

その時、コンポジットに書かれてあるウエストのサイズが頭の中にバンと浮かび上がった。

五十六センチ。

それは私がモデルになりたての十八歳とか十九歳とかのカリンコリンに痩

せていた時のサイズで、しかもそれだってかなりサバを読んだ詐称のサイズだ。正確に言うと、マネージャーに測ってもらうので嘘ではないけど、思い切り息を吸い込んだりしてお腹を凹ませた、強がった状態のサイズである。

ボヘーッと油断した無防備な状態では、どんなに痩せていたあの頃だって絶対に六十センチ以上はあったはず。そしてもうすぐ三十歳になろうとしていた私のウエストは、おそらく五十六センチどころか、強がった状態でさえ六十五センチはあるはずだ。

落ち着け、落ち着け自分。ここはエジプトだ。ロケバスの外ではスタッフたちが、ツタンカーメンの妻である第十八王朝エジプト王妃アンケセナーメンの神々しいお姿を今か今かと待っている。私は意を決してダイソンの掃除機並みに息を吸い込み、

「ヒィウォオ〜グォッ」

と吸っているのか吐いているのかわからない音を喉から発し、力一杯ファ

スナーを上げた。

帰国後、私はすぐに事務所へ行った。コンポジットに記載されているウエストのサイズを直してもらうためだ。

扮装中、息をすることさえ制限され、ずっとお腹に力を入れて思い切り凹ませていたことや、座ることもできずにランチ休憩に入ったスフィンクスの前のピザ屋で立ったままコーンを一粒だけ食べたことを、大笑いしながら話した。

「もう本っ当に大変だったよ。やっぱり嘘はいかんね。もう何年も測ってない罰だと思ったわ。私のウエスト、もう五十六じゃなく六十五とかだから、コンポジット書き直してくれる？」

「いやいや、そんなに細いのに六十五もあるわけないよ。どれ、ちょっと測ってあげる」

と言って、マネージャーのIさんは私のウエストにぐるりとメジャーを回した。もちろん私は強がって大きく息を吸い、お腹を凹ませる。

「えーっと、六十七……」

そこにいた全員が、膝から崩れ落ちるように笑ったのは言うまでもない。

もしモデルになりたての頃の私なら、その日から断食をしていただろう。数字はただの記号にすぎない。強がりではなく心からそう思い、健康密度の濃さこそが重要なんだと、若い頃の私的痩身《そうしん》神話にストップをかけたのは他でもない、私の髪の毛だった。あきらかに細くなり、コシがなくなり、そして抜けた。どっさり一気に抜けるのではなく、いつの間にかボリュームが減っていた。

まだ二十代、髪は女の命という言葉がやけに目にしみる。このまま痩身神話にピリオドを打たなければ、おそらく生理も止まるだろう。私は女を諦めたくない。若さはいつまでも続かない。私は、これからは自分で若さを作るのだと決意した。

つい先日実家に帰った時、父が
「ナオ、マカロニサラダ作ったよ。食べるかい？　いやぁ、これ大好きなんだよなぁ。マヨネーズと胡椒たっぷり入れたから美味しいよ。またご飯が進んじゃうなぁ」

とニコニコと言ってきた。

ここでやっと私は気がついた。ああ、遺伝子にはあらがえない。私は食べることが大好きなんだ。大好きだったのだ。そうか、若さとは好きなことを思い切り楽しめる心と体のことなのかもしれない。

父のふくよかで柔らかい、とても幸福そうに微笑む顔を見て、

「うん、食べる」

と、私も笑った。

毒味

二十三歳の誕生日の四日前、私は結婚して、書類上では阿部直子となった。札幌の浜島家から自立して、東京できちんと一人暮らしをしたのは約三年間。たった三年では、世の中の酸いも甘いも、本音も建前もわからない。毎日がふわふわとお祭り気分で血肉にはならず、私の中での骨太な法律はまだ浜島王国の浜島法がどっしりと鎮座していた。

そんな私が阿部王国に嫁ぎ、心の底から震えるほど驚いた文化の違いがある。それは、阿部王国の人々は皆、負けていることだった。

それは単純な勝ち負けのことではない。自分が悪かったと思えば相手が子供でもすぐに謝ったり、またはお礼を言ったり、誰かに何かをお願いされたら素直に応じ、会話をする時に相手より優位に立とうとしない、ということだ。うまく言えないがそれは優しいの兄弟で、従順の従兄弟のような存在だ。そして何より、決して相手をやり込めて勝とうとしない穏やかさが、弱肉強食の浜島王国育ちの私にはとてもカルチャーショックだった。

当時の私は「負けねぇぞ」と息巻いて仕事に立ち向かっていた。それは「なめんなよ」に近かったかもしれない。しかし、どう頑張ったってモデルの世界ではテッペントレネェと気がついた私は、武器が必要だぜ！と思い、早々に雑誌を飛び出して、強そうな刀を求め世界中を旅することになった。

それから月日が流れ、私なりの刀も手に入れたおかげか、仕事内容も少しずつ変化が起こり、いろいろな人と会って取材をしたり対談をしたりする機会がぐっと増えた。しかし相手とのコミュニケーションをどう図ればその場が和やかに、かつ一歩深い心の奥をのぞかせてもらえるのか、やりがいとともに難しさを痛感する日々でもあった。

特にラジオは難しかった。雑誌ではライターが、テレビではディレクターが助け舟を出してくれるが、ラジオは一度スタジオの扉が閉まるとゲストと私の二人きり。初対面の相手と一対一で会話を盛り上げつつ、話の流れの舵取りもしなくてはいけない。毎回緊張と落胆の繰り返しだった。

楽しめない。楽しくない。この刀ではダメなのか。

私のうつうつとした空気はおそらく周りにも伝わっていたが、スタッフたちはプロとして自分のやるべき仕事を淡々とこなし、ただ見守ってくれていた。

そんなある日、NHKの情報番組『あさイチ』の東北キャラバンで、仙台から生中継を行った時のこと。屋外に組まれたセットの周りにはたくさんの地元の方たちが見物に来てくれて、それはそれは賑やかな雰囲気だった。

無事に生放送も終わり

「皆さん、ありがとうございました。お疲れ様でした」

とスタッフが言った瞬間、有働由美子さんをはじめとする当時の番組MC

三人の周りにどっと人が押し寄せ、たちまち握手会となった。ニコニコと一人一人に応える三人は堂々とした雰囲気で、包み込むような優しい眼差しがとても眩しく、なぜか私まで嬉しくなり、誇らしい気持ちになった。

その時、制服姿の女子高生が二人、少し離れたところでこちらに向かって手を振っているのが見えた。それに気がついて私が手を振り返そうと思った瞬間、有働さんが突然大きな声で言った。

「アナタたち学校は？　何でここにいるの。ダメよ、学校ちゃんと行って！」

久しぶりに目眩がするほどのカルチャーショックに襲われた。

その言葉には全く媚びたところがなかった。周りの目など一切気にせず、好感度も意識せず、皆の前でダメなことはダメだと、はっきりと言い放った。

コツコツと集めてきた私の刀が砂になってほろほろと崩れた。なぜそんなにも堂々と自分の意見を言えるのか。怖くないのだろうか。嫌われたらどうするのだろう。

私の知っている有働さんはいつだって、むき出しの人だった。自分はこういう人間でこんなダメなところがあると語る、その言葉にはいつも温度が宿っている。だから有働さんの言葉は信じられたし、心にすっと入ってきた。そしていつの間にか、有働さんになら本音を話せるんじゃないかと思い、故郷の友に話すような感覚で、心の鍵を開けていた。それは、この人の前ではカッコつけなくてもいいんだと思えたからだ。

そうか、有働さんは生粋の負けている人だったのか。そう思った瞬間、私の心の中にあったうねうねと長くて暗いトンネルの出口が見えたような気がした。

東京に戻り、またラジオ収録の日が近づいてきた。次のゲストはミュージシャンのKさんだ。私はスタッフから送られてきたKさんのCDを聴き込み、同封されていた資料に隅々まで目を通した。

足りない。これではまだ負けられない。小手先の技術ではなく、徹底的に下調べをして相手を迎えなければ、私の自信のなさと不安がまた刀になってしまう。

私はKさんの過去のインタビュー記事やブログを遡《さかのぼ》り、これでもかというほど準備をして収録に挑んだ。

本番中、Kさんが台本から脱線して歌を歌ってくれた。その流れで
「中学生の頃に初めて作詞作曲した曲のタイトルは〇〇〇ですよね。覚えていますか？」

と私が言うと、

「ええ！　よくそこまで調べてくれたね」

と驚き、覚えているワンフレーズを歌ってくれたのだ。とっさのことだったのに対応していただき、今でも本当に感謝している。

Kさんが帰ったあと、ブースに入ってきたスタッフが満面の笑みで
「素晴らしかった！」

と、親指をグーと突き出してくれた。

一見関係ないような事柄でも、すべては川の流れのように大きな海原へと繋がっている。私はやっと刀以外の武器を手に入れた。


旦那の実家の台所に立つ時は、私はいつも母ちゃん（義母）の助手だった。テキパキと料理する母ちゃんの動きを見て、お皿やお醤油を出したりした。そして、いつも同じようなことを言いながら、ゲラゲラと笑い合った。

母ちゃんがどんどん唐揚げを揚げる。とても美味しそうだ。今すぐ揚げたてを食べたい。

「母ちゃん、毒が入ってるかもしれないから、一個味見してあげようか？」

全くふざけた嫁だ。

「ええ、いいの？　じゃあお願いしよっかなぁ」

にこやかに言う母ちゃん。

「うん、合格！」

「あーよかった。ナオちゃんの合格もらっちゃった。ウフフ」

私も母ちゃんみたいに、負けられる母ちゃんになりたい。自分の弱さを素直に見せられる、弱さを人のせいにしない、負けられる人になりたい。

阿部王国に嫁いで本当によかったと、私はもう一つ唐揚げを口に放り込んだ。

ものモノ物

ここ数年、断捨離にはまっている。読んで字のごとく〈物を断ち、捨て、離れる〉こと。簡単に言えば整理整頓なのだが、二十代の頃からこつこつと集めてきた私の煩悩たちを手放すのは、中々時間がかかる作業だ。

あの頃は目に映るもの全部が欲しかった。あの人が持っているバッグも靴も時計も。道でお洒落な人がコンビニの肉まんを食べているのを見かけたら、自分も食べなければ気が済まなかった。とにかく自分に自信がなかったのだと思う。

素敵な人の真似をして、身分不相応のブランドバッグを買ったこともある。しかし結局は、そのバッグが放つ一流のオーラに圧倒されてしまい使うことができず、おずおずとクローゼットに押し込むのが清水買いの終着点となった。

そして三十代後半の頃、私に必要なのはブランドバッグではなく、深呼吸できる環境だと思うようになった。妊娠したのが大きなきっかけだった。人が一人増えるとなると物も増える。しかし辺りを見渡せば、もうどの隙間も窒息寸前だった。目が覚めた、というより今の自分の現実を突きつけられた気がした。

何とかしなければ。この欲望と劣等感がぎゅうぎゅうに詰まったクローゼットに、空間を取り戻したい。そうよ、私はもう過美に着飾ることに興味はないのよ、と言えばカッコいいのだが、本音を言うと自分らしさよりも他人の真似ばかりしてきた薄っぺらな鎧《よろい》ではそろそろ通用しない年齢になってきたのが真実だった。

生き様が顔に出る、体型に出る、仕草に出る。細やかな所作一つ一つから、その人がどんなものを選んで、どんなものに囲まれて暮らしているのか、目には見えない色となり、その人をじんわりと染めていく。

私は何かに駆り立てられるように、収納という収納を徹底的に整理し、サイズの合わなくなった服やかかとのすり減った靴をリサイクルショップに売った。

そんな最中、祖母・八千代《やちよ》が亡くなった。百歳と一ヶ月。私はあと三ヶ月で子供が生まれるところだった。

通夜と葬儀を終えほっと一息ついた時、母が古びた箱を一つ出してきた。中には祖母がずっと大事にしてきたものが入っていた。帯留め、写真、誰かのお土産のネックレス、取れたボタン、昔のお金（祖母は大正生まれ）、数珠、大切な人からの葉書、花の形のブローチ、私が毎年あげていたお年玉のポチ袋、等々。祖母の人柄を表すそれらのささやかな宝物は、久しぶりに光を浴びて眩しそうにしていた。私は一つ一つそれらを手に取り、祖母を確認した。

小さい頃よく祖母の部屋に入り、あちらこちらの引き出しを開けては中に入っているものを点検して、元どおりにしまうという一人遊びをしていた。もう何度も繰り返し行っていたので、どの引き出しに何が入っているのか、頭の中にもすっぽり同じものが入っていたけど、飽きることなく私の点検作業は続いた。

特に好きだったのは鏡台の引き出しだった。上の段には白粉《おしろい》、口紅、眉ペンシル、ブラシ、カーラー、手鏡、ピン留め、ヘアネットが入っていて、毎日決まった時間に祖母が女を整えるのを誇らしげに待っていた。

下の引き出しには、まだら模様の薄い黄緑色の箱と、濃紺のビロードのアクセサリー箱があった。中には鼈甲《べっこう》のブローチやビーズで作られた犬の形のキーホルダー、何枚かの五円玉を紫の紐でくくりつけたもの、赤と金のブツブツした突起がついた洋梨形の小さな入れ物などが入っていて、「滅多に出番がないけど、それだけ私たちは特別なのよ」と微笑むように私を見つめ返してきた。

これらのものたちにはどんなストーリーがあってここにやってきたかなど一切考えず、私は点検したあといつものようにそれらでおままごとをし、気が済むとまたピッタリ同じ場所に返した。普段はやたらと口うるさい祖母だったが、私の点検作業が始まるとまるで猫が耳の後ろを掻いてもらう時のように、そっと差し出すような雰囲気でじっとして、見て見ぬふりをしていた。

もし今死んだら、私が残したものを見て皆どう思うだろう。強欲だったねと笑うか、気品が足りなかったねと残念がるか。

ずっと先だと思っていた五十代へのカウントダウンがそろそろ始まる。私はどんなものに囲まれて暮らしているだろう。そして誰しも迎える最期の時、そのものを見てニッコリ笑えるだろうか。

未来の自分を励ますかのように、祖母の帯留めをそっと持ち帰った。

同窓会のツマミ

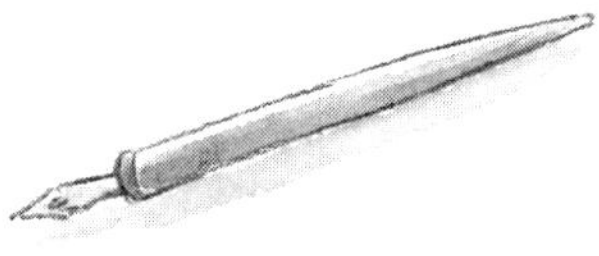

同窓会の連絡が来ると、毎回背筋が伸びる。会わない数年の間にずるい人間になっていないか、大人の自由時間という名目でだらしない生活を送っていないか。旧友たちに会い、過去の自分に会うことで、今の成績表をもらうような気分になるからだ。

特に小学五年生から中学三年生までを過ごした北海道富良野の時間は、私の人生で最も濃密で色鮮やかなものだった。あの頃は皆今よりももっと不器用で、十分すぎるほど純粋だった。うまく輪に入れず、またはうまく輪に入れてあげることができず、無意識に人間関係の難しさを最初に学んだ時期だったように思う。

そんな不器用だった私たちも、今では立派な壮年である。あの頃には言えなかった、「ごめんなさい」や「ありがとう」を少しはうまく伝えられるようになり、毎回相手を通して大人になった自分を発見している。

同窓会のたびに必ず訊かれることがある。

「岩谷、元気にしてるか？」

岩谷とは、漫画家を目指して上京した同級生で、同じタイミングで東京にやって来た、私にとっては心の支えでもある親友だ。三十歳まで、三十五歳までと、タイムリミットを引き延ばし引き延ばし、アシスタントで生計を立てていることを皆知っているので、彼が毎回不参加なことを誰も責めたりはしない。その代わり
「あいつは画はうまいけど話がいまいちだ」

「さっさと結婚した方がいいんじゃないか」

など、その場にいないのをいいことに、かっこうの酒のツマミにしている。

そして冗談と笑い声に包まれながら、自分がなりたかったそれぞれの夢を

岩谷に重ね、羨み、応援し、人生の舵取りの重みを身体の奥深くで感じている。

子供の頃の夢が叶う人は一体どれくらいいるのだろうか。夢見ることは自由だったはずなのに、それを手に入れようとする時の不自由さを自覚し、現実的な未来像から夢が少しずつ影を薄めていく。

それは悲しいことでも嬉しいことでもなく、今をがむしゃらに真摯に生きているということなのだと思う。夢が叶った人、叶わなかった人、はじめから夢なんてなかった人、まだ追いかけている途中の人、どの人たちも決して馬鹿にすることはできない。皆生きることに一生懸命なだけなのだから。

先日、岩谷から連絡があり、秋から連載を持てることになったと知らされた。彼は笑っていたが、私は涙が出た。次の同窓会で飲むお酒が、今から楽しみで仕方ない。

貝殻の音

我が家にはいくつかのルールがある。それは本当にささやかで、当たり前のことが多い。例えば、食べ物は大切にいただくだとか、人の嫌がることはしないだとか、我が家のというより世間一般のという方がしっくりくるかもしれない。

ゲームに関しても、他の子供のいる家庭がそうであるように、試行錯誤しながら我が家独自のルールにたどり着いた。それは、お父さんとお母さんと、家族三人で一緒にいる時だけやってもいいというものだ。

「もしお友達と一緒にいる時に『ゲームしたい！』って言ったら、お友達が『あれ、せっかく一緒にいるのに楽しくないのかな？』と思って悲しい気持ちになるからだよ」

と、その理由を息子に伝えた。それが合ってるかどうかはさておき、とりあえずはこれで上手くいっていた。息子も、美容室につき合ってくれた時や長時間移動の時、騒がずいい子にしていればゲームができるとわかり、彼の中でも規則ができてきたようだった。

しかし先日、家族ぐるみで仲のいい知人の家に行った時、私が友達と話し込んでいる間に、旦那と息子がそのルールを破ってしまった。やけに静かだなと思ったら、隣の部屋で旦那が息子を膝に乗せてゲームをさせていたのだ。

その場はとりあえず楽しく過ごし、家に帰ってきた。さてどうしたもんかとしばし考え、私は旦那と息子の目の前で、ボウルに水を張ってゲーム機をポチャンと沈めた。おお、こわ。

次の日、朝起きると身体がとても重く感じた。鏡に映ったくすんだ自分の顔をじっと見つめると、怯えた男子二人の顔が頭に充満する。

私は間違えていない、正しい判断だった。ルールを破った方が悪いのだから、罰がくだって当然だ。しかし、なぜこんなに身体が重く感じるのだろう。ねっとりとした泥沼に足がズブズブと沈んでいくようだ。やることがたくさんあるのに、指先からも泥が滴り落ちて上手く物が掴《つか》めない。どうしてだろう、私は正しかったはずなのに。

共働きだったからか、単なる性格なのか、母も父も厳しく子供たちをしつけていたように思う。食べ方、口の利き方、学校の成績、習い事の上達。思い返せばそれは当たり前のことで、特段厳しいことではなかった。しかし今のような褒めて伸ばす教育がまだ主流ではなかった時代、可愛いだとか大好きよだとか偉いねだとか、そう言った前向きな言葉で尻を叩かれるというよりは、実際に頬を叩かれ拳骨《げんこつ》が飛ぶ（しょっちゅうではなく、よほど私と姉が悪さをした時だけだったが）、よく言えば古風なしつけ方だったように思う。

そんな中の治外法権タイムが、日曜日の夕方。

父・良男《よしお》が
「ナオ、ドライブ行くかい？」

とか、

「ちょっと買い物行くけど、一緒に行くかい？」

と言ってくるのが合図で、私と父はちらりと目配せし（時々は姉もいたけど、部活やら友達と一緒やらでいないことが多かった）、何食わぬ顔で
「ちょっと買い物行ってきまーす」

と、いそいそと二人で車に乗り込んだ。

一応その辺をふらっとドライブしたり、薬局に腰痛の湿布を買いに行ったりして出かける理由をきちんとこなしたあと、父は必ずニヤリと笑ってこう言った。

「じゃ、行くかい？　ソフトクリーム」

浜島家のルールで、夕飯の前に甘いものを食べてはいけない、というのがあった。わざわざ書くと大げさだが、ごく当たり前なこと。お母さんが一生懸命作ってくれた料理を腹ペコで美味しい美味しいと食べることは、家庭という小さな社会で教えられる、人に対する礼儀であり、人生を豊かに楽しむ方法だと思う。だからこそ魅力的に見えてしまう、夕飯前のソフトクリーム。

いかんいかん、だってママは今頃、晩御飯の準備を始めているはず。残さないで食べないとママに怒られる。この前なんてさ、口いっぱいにモヤシを入れて飲み込めなくて、飲んだふりして二階のゴミ箱にペッと吐き出しに行ったら、黙ったまま後ろに仁王立ちしてたんだよ。なまら怖かった。鬼かと思ったよ。この世の終わりかと思ったよ。だから本当にやめたほうがいいことはわかってる。わかってるんだよ。パパもわかるでしょ。

いつものケーキ屋さんにはジャンボソフトクリームなるものがあって、いつもそこで私と父ははたと考え込むことになる。それはもう、ソフトクリームを食べるか食べないかではなく、普通かジャンボかという選択に変わっていた。そして、目の前に立ちはだかる山には果敢に登らなければいけないと、私と父は毎回使命感に燃えながら真っ白いジャンボな頂《いただき》に挑んだ。

あの時、父と私は悪ガキ二人になっていた。それは決して母を傷つけたいわけでもなく、食べ物を無駄にしたいわけでもなかった。ただ人生の隙間に入り込み、手を繋いでキャッキャと眩しい世界を泳いでいた。親でも子でもなく、ルールやしつけもないその海の中で、きれいな貝殻を拾っていただけだった。

貝殻を耳に当てたら、どんな音が聞こえるのだろうか。知りたい、知りたいよね。拾ってみようか。ワクワクするね。父の嬉しそうな顔がさらにくにゃりと下がり、むくむくの手で私に貝殻を渡す。私は幸せになる。ウフフ、パパありがとう。

おそらく母は気づいていたと思う。父と私がこっそりソフトクリームを食べに行っていることはもちろん、そこで生まれるワクワクも、将来これが私にとって愛された記憶に変わることも。

だから日曜の夕飯時、お腹いっぱいでもういらないと言っても、一度も咎《とが》めることはなかったのかもしれない。ひょっとしたら見て見ぬふりをして、悪ガキ二人が拾ってきた貝殻の音を想像していたのかもしれない。クスリと笑いながら。

私は、自分を解放することにした。くすんだ自分の顔を見て、一番ルールに縛られていたのは私だと気がついたからだ。深呼吸して、鏡の中の自分に微笑んでみる。身体が軽い。そして今すぐ息子を抱きしめようと強く思った。

ルールは大切だけど、もっと大切なのは守った時でも破った時でも、白と黒のその先の、七色に光る貝殻の音に耳を澄ませてみることだ。

ラブレター

最近、本当に物忘れがひどい。人の名前はもちろん覚えられないのでもう最初から覚えるのは諦めて、誰かがその人の名前を呼ぶのを待ったり、会話中に名前を呼ばなくてもいいように、だましだましなんとかやり過ごしている。

思えば幼い頃からトンチンカンで、いつも何かを少しずつ間違えている半生だった。これからも、絶対に直ることはないだろう。

テレビ収録で「今日は生憎《あいにく》の雨ですが」という台詞を「今日は畜生《ちくしょう》の雨ですが」と、「まるで御伽《おとぎ》の国のようです」と言うべきところを「まるでお釈《しゃ》迦《か》のようです」と、そしてマイケル・ジャクソン（Michael Jackson）をミッシエル・ジャクソンと読んでしまい、真顔でディレクターに訂正されたこともあった。

インドで一人朝食を食べていた時、コーヒーを運んできてくれたウエイターに英語で
「いつチェックアウトですか?」

と訊かれたので、

「明後日です」

と答えようとしたが、デイ・アフター・トゥモローという表現が出てこない。とっさに
「トゥモロー・ネバー・ダイ（明日は必ずやって来る）」

と言ってしまったが、ウエイターはただにっこりと笑って、何も言わずに去っていった。どうかバカだと思わず、最高のギャグセンスを持った日本人だと勘違いしてくれ、と心の中で祈った。

引っ越しする友達にお祝いを渡したら、紙袋の中に前日脱ぎ捨てたブラジ

ャーが入っていたこともあったが、パンツじゃなくてよかったと思った自分を頼もしくさえ感じた。

ドジ。そんな風に言えば、片目つぶって舌ペロッとしたようで可愛げがあるが、一緒に暮らしている旦那からすれば、一ミリも笑えない大迷惑のオンパレードに違いない。

結婚して二十一年間、毎日のように忘れ物をして慌てて取りに帰り、旦那がマンションの下まで忘れ物を持って降りて来てくれることは当たり前。ひどい時は撮影現場まで直接持って来てもらったこともあるし、朝六時にロケ先から寝ている旦那を叩き起こして、その日着るはずだった衣装をバイク便で送ってもらったこともある。

忘れ物も物忘れも失敗も、いつもそのしわ寄せはだいたい旦那にいく。

人間ドックを受け、バリウム検査後にお決まりの下剤を飲んだ時のこと。

すぐにグルグルとお腹が動き出し、何度もトイレに行き、その日のうちにすっかりバリウムは出た。

次の日の朝、いつものようにトイレに行き用を足し、ジャーッと流した時だった。ん、何だこれ？　直径二センチほどの白い小石のようなものが二つ、便器の内側に転がっている。三秒ほどじっと見つめ、はっと気がついた。全部出たはずのバリウムのうんこが残っていたのだ。

もう一度ジャーッと流してみたが、流れない。もう一度……ダメだ。何度やっても流れないので、私はそれまで生きてきたできる限りの知識と経験を総動員し、最善の答えを引き出した。

見なかったことにしよう。

きっと時間が経てば自然と柔らかくなって溶けていくか、もしくは次に用を足した時に押し出されて流れていくだろう、と思ったのだ。私は勝手に安心し、何事もなかったかのように手を洗ってトイレを出た。

それから二日後、旦那が私に言ってきた。

「ねぇ、ナオのバリウムのうんこ、流れないでトイレにずっとあるね」

やっぱりバレていたか。

「いつか流れるんじゃない？　し〜んぱ〜いないさぁ〜」

と歌いながら私は仕事へ出かけた。

三日目の朝。

「バリウムうんこ、まだ流れないね。あれ取らないとダメじゃない？」

私もそう思い始めていた。でもいちいち言われると何だか無性に腹が立つ。くっそう、絶対取るもんか。こうなったら私と旦那の戦いだ！と思った瞬間、旦那は
「困ったねぇ。何で取ればいいかな。捨ててもいい菜箸とかあったっけ？」

と、ガサゴソとキッチンの引き出しの中を探し始めた。

え、カズちゃんが取るの？　私のバリウムうんこを？　カズちゃんが取っ

てくれるの？
旦那は使い古した菜箸と、犬の散歩の時に使っている防臭袋を手に、何のためらいもなくトイレに向かっていった。
数分後、まるで金でも掘り当てたような満面の笑みで
「取れたよ〜！」
と、防臭袋を私の前に突き出した。そして
「これが本当の、尻拭いだね」
と言って笑った。

病める時も健やかなる時も、富める時も貧しき時も、
忘れ物をした時も、バリウムうんこが流れなかった時も、
アナタはこれを愛し、これを敬い、これを慰め、
雨が降ったら傘となり、風が吹いたら壁となり、

誰かを傷つけそうな時はきちんとたしなめ、
時には一緒に回り道を楽しみ、
涙を止めるのではなく、一緒に流し混ざり合い、
それがあたたかな川となり海となり、
キラキラと輝く葉で、二人の世界を満たすことを誓いますか。

ありがとう。誓います。

女優

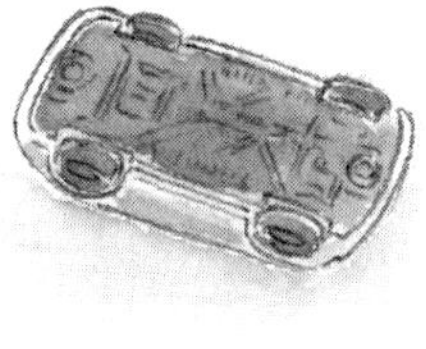

将来子供を授かるとしたら、私は絶対に女の子を産むと思い込んでいた。だって私は姉と二人姉妹だし、旦那にもお姉さんがいるし、旦那も「いつか娘が生まれたら」と当たり前のように言っていたので、もう私からは女の子しか生まれないものだと百パーセント信じ切っていた。

だから、初めてエコー写真でおチンチンを見た時、私も旦那も顎が床につくほどショックだった。しかも画像の我が子は、これ見よがしに大股を開いて、自分は間違いなく男であることを私たちに主張していた。

帰り道、二人でカフェに入り、妊娠がわかってからずっと我慢していたブラックコーヒーを無言で身体に流し込んだ。そしてため息をつきながら

「あぁ、このカフェインでチンチンがぽろっと取れないかなぁ」

とつぶやいた。それほど女の子だと思い込んでいたのだ。

しかしいざ生まれてみたら、まぁ男の子の可愛さたるや。何なんだ、この愛くるしい生き物は！

たぶん女の子でも「やっぱり女の子は可愛いね」と言うに決まっていたから、要するに性別はどちらでもよいのだ。なんなら、目が一重だとか二重だとか、鼻が高いとか低いとかの外見もどうでもよくて、生まれてきてくれた魂そのものが狂おしいほどに愛おしい。そしてその魂が収まっている肉体もただそれだけで、そこに存在するだけで完璧な幸福の形をしていた。そして五歳の今も、それは続いている。

こんなことを言うと、まるで聖母のように朗らかで優しいお母さんのようだが、将来思春期になった息子がこれを読んだら、「は？　鬼軍曹かと思ってたよ」と言うに違いない。

息子が二歳半くらいの時だろうか。夜十時になってもトミカでずっと遊んでいて全く寝ようとしなかった。

「早くトミカ片づけて、寝るよ」

と何度言っても全く話を聞かず、一向に片づけようともしない。もっとガツンと叱ることもできるのだが、そうするとギャンギャン泣かれ、こちらもドッと疲れてしまう。しかも毎日ガミガミと叱ってばかりだと息子に嫌われてしまいそうで、それも怖い。

さてどうしたもんかと考えた私は、女優になることに決めた。

突然勢いよく立ち上がり、大声で玄関に向かって怒鳴った。

「誰ですか、そこにいるのは？」

息子もビクッとして立ち上がる。

「さてはお前、鬼だな。どこから入ってきたんだ。夜十時になっても寝ない子供を食べに来たな。絶対許さない、やっつけてやる！」

そう叫び、クルッと息子の方を向き小声で

「おちゃーちゃん今から鬼をやっつけてくるから、絶対このドアを開けちゃダメだよ。何が何でも守ってあげるからね。だから絶対ドア開けちゃダメだよ。いい、わかった？」

と言った。息子は不安げな顔で
「わかった」

と頷く。

リビングのドアをバタンと閉め、ズカズカと玄関に行き、激しく鬼と戦っているようにバンバンと大きな音を立てながら、大声で
「こんのやろ、鬼め。お前なんかにうちの子を絶対食べさせないぞ。お前なんかこうしてやる。こうして殴って、蹴って、首をちょん切ってやる」

と怒鳴った。

この時、旦那はお風呂に入っていて「あぁ、ついにあれを使うんだな」と思ったらしい。

私はさらに大きな声で
「よっしゃ。ついに鬼の首、ちょん切ってやったぞ！」

と言いながら勢いよくリビングのドアを開け、あれを息子の目の前にグインと突き出した。

般若《はんにゃ》のお面。

いつかギャフンと叱る時がきたらこいつを悪者にして、私はぬけぬけとヒーローになってやろうと、通販で買っておいたのだ。買う時に、これを使うことがあるのだろうかと迷ったが、まさかこんなにも早く日の目を見る時が来るとは思っていなかった。赤鬼にするか白鬼にするかで迷ったが、より迫力のある赤鬼にしてよかったと思いながら、私は芝居を続けた。

ゆっくり見せるとお面だとバレてしまうと思い、わざと小刻みにブルブル揺らしながらグッと息子の前に突き出した。なんて抜かりがないんだと、自分の名女優ぶりに酔っていると、息子は

「ぅうわぁ〜！」
　と漫画のような正しいリアクションでひっくり返るほど驚き、泣き出した。か、可愛い。私は
「この首、外に捨ててくるから待っててね」
　と言ってまた玄関に行き
「鬼め、二度と来るなよ」
　と言いながらお面を靴箱に押し込んだ。そしてリビングに戻り
「怖かったねぇ。かわいそうに。もう大丈夫だよ。おちゃーちゃんが守ってあげるからね。また鬼が来ると嫌だから、今度からはもっと早く寝ようね」
　と言って息子をぎゅっと抱きしめた。
　こうしてこの日の舞台は無事幕を下ろしたのだが、終演後、息子のおちゃーちゃんダイスキ株を上げたことは言うまでもない。
　うちの息子は本当によく泣く子だった。生まれてから四歳の誕生日まで、

「今日は朝起きてから夜寝るまで、一回も泣かなかったね」という日が五日しかなかった。

よく泣くということは、それだけ素直な性格で、安心して親に感情をぶつけてきているということだと頭ではわかっていても、泣き声を聞き続けているとイライラのマグマがふつふつと沸騰し、

「うるさい。いちいち泣くな！」

と鬼の形相で、口が勝手に怒鳴っていた。

姉は四人も子供がいるのにいつも楽しそうにニコニコと子供たちと向き合っていて、私とは大違いだ。同じ姉妹なのになんでこうも違うんだと、自分の気の短さにまたため息が出た。

他所の子を観察してみると、息子と同じ歳くらいの男の子がレストランで黙って椅子に座り、ずっとおとなしくお絵描きをしていた。「どんな子育てしたら、そんないい子に育つんですか？」と駆け寄って、肩をガッと掴んで

目をひん剥き、その子のお母さんを質問攻めにしたいくらいだった。

仕事はこんなに楽しくできるのに、子育ては楽しんでできない。自分は母親業に向いてないいんじゃないか。私の心は悲鳴をあげていた。

息子のつんざくような泣き声を聞くと、ものすごく責められているような気持ちになり、心がえぐられる。目の前の幸福の対象がたちまちストレスの原因となり、敵にさえ見えてしまう。本当は私だってニコニコ優しい聖母を演じたいのに、そんな余裕はまるでない。口を開けばまた怒鳴ってしまいそうで、壁を蹴る。その音にまたびっくりして、さらに息子は激しく泣く。

やはり自分は母親業に向いてないいんだ。姉が羨ましい。周りのお母さんたちが眩しい。眩しすぎて、涙が出る。

悩んでいた私を見て、母はこう話してくれた。

「それはね、ナオがものすごいパワフルだから、きっとそれにぴったりな魂が生まれてきたんだよ。もしおとなしい子だったら、ナオみたいな強烈なパワーのお母さんに物怖じして、自分の本音が言えなくなるから。すごくお似合いの親子だよ。よかったね」

この言葉がストンと胸に落ち、私を暗闇からすくい上げてくれた。

余裕のある優しいお母さんなんて演じられない。私には、聖母の役は向いていないんだ。ならば、激しいお母さんのままでいいんじゃないか。

私は私しかいない。この子のお母さんも私しかいない。

きっと姉には姉の、他のお母さんには他のお母さんの悩みがあって、共感はできても解決はできないものなのだ。それなら、思い切り私らしく激しく、それを笑いに変えられるくらいたっぷりの愛情をもって鬼を演じよう。

鬼で何が悪い。私は息子を世界一愛している。

花柄のワンピース

子供の頃から洋服が大好きだった。リカちゃん人形もシルバニアファミリーも好きだったけれど、中学生になっても遊んでいたのが、紙の着せ替え人形だった。

それは着せたい洋服を簡単に作れたからだ。紙に好きなデザインの服を描いて色を塗り、ハサミで切り取る。肩のところにぴょこんと折り曲げて人形に引っ掛ける部分を作り、水玉のスカートやシマシマのTシャツ（その頃はボーダーなんて言葉は知らなかった）を作っては着せていた。洋服のデザインそのものが好きというよりも、着替えるたびに人形の表情や雰囲気がガラリと変わることが面白く、私の胸はドキドキと高鳴った。

その日も夢中になって紙の着せ替え人形で遊んでいたら、突然母が部屋に

入ってきて、

「アンタ、中学生にもなって人形遊びなんかしてるの？　やめなさい。恥ずかしい」

と言い放った。

そうか、これは恥ずかしいことなんだと、初めて知った。しかし、どうしてもやめることができなかった私は、母のいない時間を見計らってこそこそと、でも大海原を泳ぐようにぐんぐんと、人形遊びに没頭していた。

高校生になると、素敵な服を身にまとった雑誌のモデルたちが、人形の代わりに私を大海原に連れて行ってくれた。それは、私の憧れの始まりだった。

やがて憧れは、焦りへと変わっていった。深く深く、夢中になればなるほど息が苦しかった。あまりの苦しさに必死で手足をバタつかせたが、優雅に泳ぐ術を知らない田舎の少女は無様《ぶざま》にぽかんと口を開けて、ガブガブと憧れを飲み続けることしかできなかった。そして気がついた時にはどっぷりと溺れ、髪の毛一本一本から焦りと嫉妬が滴り落ち、私の身体はどこにも逃げられないほどベトベトになっていた。

そんな高校一年生のある日、いつものようにティーン誌を眺めていた私の目に、〈専属モデル募集〉の文字が飛び込んできた。その瞬間、グラグラと地面が揺れた。ここにいる自分が、ここにいるべきではない自分のように感じられ、希望で胸が張り裂けそうになったのだ。

私は迷うことなく応募したが、結果は一次審査で落選。それで私はやっと目が覚めた。そしてしばらくの間、自分の手を、指をじっと見つめた。これは紛れもない現実であっても、私の現実ではなかった。

この世界は実在しているが、それは私の世界とは決して混じり合うことはない。この地球のどこかで誰かが誰かの首を絞め、目玉をくり抜こうとしていたとしても、それは私とは関係のない全く別の場所で起こっていること。私が今ここでくしゃみをしたとしても、首を絞める手をゆるめたりはしないだろう。

「ごめんね。救ってあげられない」

私はただ深海の底で、漂う目玉を見ていた。いや、あれは私の目玉だったのかもしれない。まだこの世界とあの世界が繋がっていると信じて疑わなかった、もう一人の私の目玉。私は、私を救えないことに戸惑っていた。

だからこそ、モデルにスカウトされた時、身体のすべての細胞が震えた。札幌で行われた人気ティーン誌『mc Sister』のファッションショーを見に行った時、編集長に声をかけていただいたのだ。

完全に諦めた世界への架け橋が、まさに今掛かろうとしている。これが最後のチャンスかもしれない。夢見る目玉をくり抜かれた少女は、私の現実を歩むため、看護学校の受験を考えていた。高校三年生の夏休み、二学期が始まったら本格的に受験勉強を始めるタイミングだった。

「何バカなこと言ってるの」

いただいた編集長の名刺を母に見せると、眉間にしわを寄せ冷たく言い放った。おそらく母には、十七歳の世間知らずの田舎娘の心を犯かす、どこか知らない国の黒魔術のカードに見えたのかもしれない。娘の人生を狂わす、死神が微笑んでいるカードに。

その日から家の空気が変わった。私が勝手にそう感じていただけかもしれないが、やはり以前とは何かが違っていた。

私は父と母に何度も自分の希望を訴え、懇願し、泣き、怒鳴り、すがった。そのたびに否定され、罵倒され、失笑された。

「なんでわかってくれないの」

理解されない苦しみと悔しさにまた震え、涙が出た。

しかし、絶望はしていなかった。一度バタンと閉ざされた扉が開きかけ、一筋の光が差し込んでいる今、絶望する理由が見当たらなかった。そして、その扉を開ける以外の選択肢は、何一つとしてなかった。

私は編集長に手紙を書いた。両親が大反対していること、でも私はどうしてもモデルに挑戦したいことを正直に伝えた。後日、丁寧な返事が届いた。そこには、両親と私を東京の編集部に招待したいと綴られていた。

編集長に会社内を案内していただき、せっかく編集部に来たのだからと『mc Sister』のメイク特集のページに出してもらえることになった。生まれて初めてプロのメイクさんにお化粧してもらい、素敵なワンピースを着てきれいに写真を撮ってもらった。父と母はその様子を黙ったまま、でも笑顔で眺めていた。まるで、七五三の晴れ着に喜ぶ我が子を見守るかのように。

編集長のおかげで、『mc Sister』だけなら出てもいいと、父と母は承諾してくれた。しかし東京は怖いところだから、モデル事務所には所属せず、編集部と直接やり取りすることが条件だった。それでも私は嬉しくて嬉しくて、夢の中にいるようだった。

高校を卒業した私は、姉の出た医療福祉系の専門学校に通い、こちら側の現実世界を淡々とこなしながら、週末は東京に行って撮影をするという、あちら側に繋がる扉をゆっくりと開いていった。

「東京に行くなら、ナオは死んだ者として葬式をあげる」

本格的に上京してプロのモデルになりたいと言った時、母ははっきりと私にこう告げた。週末だけ東京に通いだして、数ヶ月経った時のことだった。

父は険しい表情で

「甘すぎる。毎月の生活費、それぞれいくらかかると思ってんだ？　内訳を今ここで書いてみろ」

と言った。グイと差し出されたメモ帳と鉛筆すらも、お前には絶対に無理だと冷ややかにつぶやいていた。

私はもう説得することをやめた。応援されて行くか、反対されて行くかでは心の体力が大きく変わってくる。しかし他に選択肢はないのだから、自分で心の筋力をつけるしかない。そして、応援してくれないということは、金銭的な援助は受けられないという事実も理解した。

「お金を貯めなくちゃ」

やりたいことが明確であればあるほど、やるべきことはシンプルになる。私はコンビニのアルバイトの他に、ホテルの中華レストランのウェイトレス、塾の教材の電話オペレーターなど、いくつものアルバイトを掛け持ちした。

私を救えるのは、私しかいない。

東京に行きたい。東京に行きたい。東京に行きたい。今いるこの場所は、私の場所ではない。

ウォンウォンと音にならない音が頭の中で鳴り響く。その音はやがて千の針となり、脳を、肺を、腸を、ズブズブに貫いていく。ぬらりと流れ出た体液が、早くしろと追い立て異臭を放つ。腐っていく。腐っていく。腐っていく。ここにいると、ドロドロに腐敗していく。

父と母が上京を許してくれたのは、それからどれくらい経った頃だろうか。ガリガリに痩せて目だけギョロギョロさせながら、粛々とお金を貯め続けていた最中だったことだけははっきりと覚えている。

私が初めての一人暮らしの場所に選んだのは、京王井の頭線の久我山だった。最初は下北沢で探していたのだが、東京の家賃の高さを見くびっていた私は、一つ、また一つとあとずさりするように西に向かっていき、何とか手が出る物件が見つかったのがこの場所だった。

実際に生活してみると、久我山はとても暮らしやすく、下北沢のようなお洒落さと雑多さを混ぜた都会的な雰囲気がない代わりに、住宅街特有の安心感があった。

駅から徒歩七分と不動産屋には言われたが、実際は駅から早歩きで十分くらいの、七畳一間のワンルーム。〈駅から徒歩五分以内。オートロックのマンションで二階以上、風呂とトイレは別。予算は五万円代〉という私の当初の条件はすべて叶わなかったが、それでも二階建てアパートの一階の、家賃七万六千円のその部屋は、私の初めての城となった。

　毎日自分で食べたいものを料理したり、レンタルビデオ店で見たかった映画をどっさり借りてきたりと、新鮮さは充実感を与えてくれた。休みの日は吉祥寺まで散歩に出かけ、自分の城に合いそうなものはないか宝探しのような気分で雑貨屋を巡り、見つけた小物たちを大切に抱えて帰った。

　一人暮らしにも慣れて少し落ち着いた頃、両親が東京に来ることになった。最終的には上京を許してくれて、引っ越し代なども全部出してくれた両親に、今の私の生活を見てもらいたかったのでとても嬉しかった。

　七畳ワンルームの狭い部屋だから、ここにこうして布団を敷いて、パパとママに並んで寝てもらおう。狭いけど一晩だけだし、我慢してもらおう。せっかく東京に来るのだから、東京タワーに行くのはどうだろう。横浜中華街まで行ってブラブラ観光するのもいい。そうだ、同じタイミングで上京した幼馴染の岩谷も呼んで、皆で一緒に行くと楽しいかもしれない。岩谷の描いた漫画もパパとママに見てもらおう。東京で頑張っていること、教えなきゃ。

当日羽田空港まで迎えに行くと、私を見つけた両親は嬉しそうに手を振ってきた。たった数ヶ月ぶりだったけれど、とてつもなく久しぶりに感じた。そして驚いたことに、父と母はきちんとした格好でやってきた。父は紺のスーツで、母は薄いグレーのアンサンブルのカットソーを着ていた。

モノレールで浜松町まで行き山手線に乗り継ぎ、渋谷で井の頭線に乗り換えて久我山に向かった。道中、父は飛行機で耳が痛くなったことや札幌も桜が咲き始めたことなど、ひっきりなしに、そして嬉しそうに話してくれた。

母は

「東京はやっぱり都会だねぇ」

などと言いながら、熱心に何かをメモしていた。

　やっと久我山に着いて、私はゆっくりと新しい地元を案内しながらアパートに向かった。

「あそこが銀行で、あそこから大家さんに家賃を振り込んだりしてるの。このスーパーでいつも買い物をして、時々このパン屋でクリームパンを買ったりもしてる」

　まるで観光地のように得意げに説明する娘につられ、父と母は珍しいものを見るかのように、目を輝かせて銀行やスーパーを見つめた。札幌市街の碁盤の目のような道とは違い、東京はまるで迷路のようにくねくねと入り組んでいる。二人は
「あぁ、もうどこ歩いてるかさっぱりわからないわ」

「すっごい道が狭いね！　これ雪降ったらどうすんのさ？　あ、雪降らないのか」

などと言いながら、北海道では体験できない、車が通るたびに体を横にしなければならない一方通行だらけの住宅街をキョロキョロしながら歩いた。

部屋の中に入ると二人は「おぉ」とか「へぇ」とか言いながら、しばらくの間ぐるりと部屋を見回していた。ここで娘が生活をしているという自分たちとは違う世界の現実を、まずはそのまま飲み込んで、ゆっくり消化しているようだった。

「飛行機疲れたしょ？　まずは着替えて、座ってお茶でも飲もう」

と言うと、二人はまっすぐに私を見てこう言った。

「いや、まずは大家さんにご挨拶を。そのために来たから」

二人はお土産の入った大きな紙袋を持って、さっと外へ出た。部屋に着いてからまだ一度も座っていなかった。さっきまでのキョロキョロしながら細い道を歩いていた雰囲気とは違い、よどみない両親の動きに圧倒され、私は玄関のドアを開けたまま立ち尽くしていた。

チャイムを押し、大家のハタさんが外に出てきた時、やっと私はおずおずと両親の後ろに近寄った。

「初めまして。直子の父親の、浜島良男と申します。こちらは妻の律子です。このたびは娘がお世話になることになり、本当にありがとうございます。もっと早くご挨拶に伺わないとと思っていたのですけど、遅くなってしまい、すみません」

と言って、

「これ、ほんの少しですが」

とお菓子の入った大きな紙袋を渡した。ハタさんは
「あらまぁ、わざわざすみません。ありがとうございます。わぁ、六花亭のお菓子、家族みんな大好きなんです。嬉しいわぁ。ありがとうございます」

と、目を糸のように細くして微笑んだ。私はぼんやりとその花柄の紙袋を眺め、あの包み紙でワンピースを作って人形に着せたら、どんな雰囲気にな

るかなと考えていた。

それからひとしきり世間話をしたあと、父と母は
「右も左もわからない田舎者ですが、どうかよろしくお願いします」

「普段はわがままなんですが、実は優しい子なんです。どうかよろしくお願いします」

「風邪引いた時とか、どうぞよろしくお願いします」

と懇願し、最後にハタさんに深く頭を下げた。きちんと両足を揃え手の指をピンと伸ばし、私のために何度も何度も頭を下げてくれた。花柄の大きな紙袋を抱え、スーツを着て飛行機に乗り、頭を下げるためにわざわざ東京に来てくれたのだ。

理屈ではない。絶対にこの人たちを泣かせるようなことはしないと、私は強く心に誓った。そしてこの光景を一生忘れまいと、魂に焼きつけた。

たった一泊の短い滞在だったが、岩谷も呼んで一緒に中華街に行ったり、

あちこちを散策した。まだよそ者感は拭い切れないが、それでも恋い焦がれた憧れの東京で楽しく頑張れていること、なんとか仕事もあってきちんと生活ができていることなど、滞在中の端々で二人に伝えることができた。そして、楽しそうな私の様子を見て二人は安心したのか、四六時中穏やかな表情で、私の話をニコニコと聞いていた。

楽しい時間はあっという間に過ぎてしまう。舞い落ちる桜の花びらが風に乗り、光を浴びてヒラヒラと美しく踊るのがほんの一瞬のように。踊っている瞬間はただ無我夢中で、あとから記憶を振り返り、楽しかったことにしているのかもしれない。

やがて帰りの時間になり、皆で羽田空港に向かうため家を出た。三人で「やっぱり東京の道は狭いねぇ」

と言いながら久我山駅までゆっくり歩いた。たわいもない話をしながらくねくねとした道を歩き、スーパーとパン屋の前を通り越して、久我山駅に着いた。

　私が券売機で三人分の切符を買おうとすると、母が言った。

「ナオはここまででいいから」

　私は驚いて
「え、なんで？　空港まで送るよ」

と言うと、母はまっすぐ私の目を見て言った。

「いや、ナオはここまでにしなさい。パパとママは一人じゃないけど、空港からの帰り道、ナオは一人になっちゃう。絶対寂しくなるから、ここまででいいから。ありがとう。もう、ここで家に帰りな」

　私は今まで、何かとても大切なことを忘れていたような気分になり、グッと息を飲んだ。

「でも空港までの行き方、わからないしょ？　乗り換えもあってきっと迷うから、私も行くよ」

「大丈夫」

にっこり笑って見せてくれたのは、来た時に母が熱心に書いていたメモだった。そこには駅の名前や路線名が、乗ってきた順にきちんと書かれていた。慌てて父の方を見ると、何も言わずにただ微笑んでいた。すべてをわかっているような、とても優しい顔だった。

二人は改札を通り、

「じゃあね」

と笑顔で手を振った。私も手を振り、すぐに横の踏切に歩を進めた。

カンカンカンと踏切が鳴り、遮断機が降りる。電車がするすると入ってきて止まり、父と母が乗り込む。車窓の外に私の姿を見つけた二人は、踏切に一番近いドアの前に立ち、また笑いながら手を振る。

ゆっくりと電車が動き出すと、二人の姿がだんだん小さくなっていく。まるで二人で一つのように寄り添って、一緒に手を振っている。ボワンと頭の中で音がする。何か伝えたいのに、何も伝えられない。二人はますます小さな塊になっていく。

電車が見えなくなるまで手を振り続けた私は、遮断機が上がったあともしばらくそこに佇んでいた。

「ひょっとして、何か取り返しのつかないことをしてしまったんじゃないか？」

父と母が離れていくのを感じた時、私の中の何かがそう囁いた。

「アパートに帰ろう」

三人で歩いてきたこの道を一人で歩く。いつもの景色のはずなのに、知らない国に来てしまったように途端に心細くなり、肌触りの悪いセーターを着ているような居心地の悪さを感じる。

寂しい。不安。孤独。どれが今の感情にしっくりくるかを考えるふりをすることで、やっと思考が動いているのがわかる。息が苦しい。いや、違う。

これは胸が苦しいのか。何でこんなにギュウギュウ締めつけられるのだろう。とりあえず急いで私の小さな城に帰ろう、と思った時だった。

チャッチャラ　チャラリラ～　チャッ　チャッ

小さな家電屋さんのテレビから『笑点』のテーマ曲が聞こえてきた。その瞬間、実家の匂いが竜巻のように私を包み込み、気がつくと懐かしい茶の間に立っていた。

いつもはチャンネル争いをしていたけど、日曜日だけは必ず皆で『笑点』を見て、そのあと『ちびまる子ちゃん』と『サザエさん』を見た。

日曜日の晩御飯はいつもよりちょっとだけ豪華で、父が握って母がその上にお刺身を載せて作る握り寿司（浜島家では生寿司と呼んでいた）か、麦わら帽子みたいな形の専用鍋で焼くジンギスカンが定番だった。

なんてことない、いつもの日曜日。それは何度も繰り返され、いくつも季節を通り過ぎてきた。あたたかく心地よく、そこには確かに居場所があった。

父がビールを飲み、祖母は日本酒を飲み、母は台所と茶の間を行ったり来たりと忙しくしながらも時々父のビールをもらって飲んでいた。姉は食べるのが遅く、もたもたしていると私がどんどん肉ばかり食べるものだから母に
「ほれ、トモも食べなさい」

と皿に肉や野菜をこんもり盛られていた。

それが当たり前で、つまらない毎日だと思っていたけれど、少しでも油断するとあっという間に形が崩れてしまうこと、そしてこの当たり前のつまらない毎日を、父と母が必死で守ってくれていたことに気がついた。そう、私は守られていたのだ。

猛暑の日も吹雪の日も、バスに乗り地下鉄に揺られ仕事に行くこと。家族の健康を考えて、毎日献立に悩むこと。清潔な服を着せて、あたたかい布団で寝かせること。そしてまた皆で迎えるいつもの日曜日。

それはおそらく「怪我も病気もせず、健康にすくすく育ち、いつか自立し

て普通に楽しく暮らして欲しい」と、何ら特別ではないささやかな、しかし確実な幸せを願っていてくれたことになるのではないだろうか。

しかし連続した日々の中では、その果てしない愛情が当たり前に変換されてしまう。

ぬくぬくと巣の中で過ごしているヒナは、自らの力で飛び立つ時、それを自分だけの力で成しえた偉業と勘違いしてしまう。そして父と母は知り尽くしていたのだ。甘さやずるさ、気楽さが大好きな次女の性格を。一度や二度の挫折で諦めてしまうようなら、その程度の夢でしかないことを。流されるのではなく自分でしっかりオールを握り、大海原を自分の意思で進んで欲しいと願い、自分たちなりのやり方で、そして果てしなく大きな愛情で守ってくれていたのだ。

チャッチャラ　チャラリラ～　チャッ　チャッ

忘れていた大切な何かがポンと蓋を開け飛び出したように、ボロボロと涙が溢れ出た。声を出すまいとこらえるとグゥと喉が鳴り、息が苦しくあとからあとから涙がこぼれる。

私は何をしているのだろう。こんなところで。こんな遠い場所で。どうしてあのあたたかい場所からあんなにも逃げ出したかったんだろう。

しかし、もう船は動き出してしまった。戻れない。戻ることはできない。ごめんなさい。ごめんなさい。心配かけてごめんなさい。こんな風にしかできなくて、ごめんなさい。こんな娘で、ごめんなさい。

私は人目もはばからず号泣しながら、今の私の精一杯の現実へゆっくりと歩き出した。

今年もついうっかり父にバレンタインのチョコを送り忘れてしまった。私の大雑把な性格をよく知る父は、毎年届けばラッキーくらいにゆるりと待ってくれているのがとてもありがたい。そして、とても申し訳なく思っている。

しかし、私が送っても送らなくてもそんなことお構いなしに、毎年父からは必ずホワイトデーに同じお菓子が届く。その花柄の包みを見るたびに私は、これでワンピースを作って人形に着せたら、どんな雰囲気になるだろうと想像する。そして同時に、絶対にこの人たちを泣かせるようなことはしないと自分を律したあの時に引き戻される。

なんてことはない。すべては繋がっているのだ。

目を閉じると花々に蜜蜂や蝶が群がり、追いかけても追いかけても、なかなか捕まえられない。それでも楽しくて、精一杯の生命力を発散させて世界と繋がっていた。そんな日々が昨日のことのようによみがえる。

舞い散る蝶の粉は不確かで、手にしたと思っても幻のように掴めない。しかしそれは、確かに愛された記憶となり、羊の群れと一緒にぐんぐん前へ前へと進む力になった。

深く静かに深呼吸して目を開けると、今の私の現実が広がっている。私は

小さく
「ありがとう」
とつぶやき、甘くてしょっぱいお菓子をゆっくりと噛みしめた。

この本を形にすべく、知恵と励ましとやる気を与えてくれたミルブックスの藤原康二さん、この本に命を吹き込んでくれたイラストレーターのますこえりさん、そして、いつでも最強の味方でいてくれる夫に、心からの感謝を贈ります。

二〇二〇年十月

浜島直子

浜島 直子（はまじま・なおこ）

1976年北海道札幌市生まれ。「mc Sister」の専属モデルとして18歳でデビュー。以降、様々な媒体でモデルとして活動し、「LEE」では10年間専属モデルを務めた。2002年〜2014年にTBS『世界ふしぎ発見!』にミステリーハンターとして出演した他、NHK『あさイチ』、TBS『暮らしのレシピ』、bayfm『TOKYO GAS Curious HAMAJI』をはじめ、多数のテレビ・ラジオ番組に出演。アベカズヒロとの創作ユニット「阿部はまじ」として絵本『ねぶしろ』『ねぶしろとおいしいまる』『しろ』（平澤まりこ・絵 / 小社）、『森へいく』（平澤まりこ・絵 / 集英社）を上梓している。

本書は書き下ろしですが、「初恋の手ざわり」「犬のいる生活」「かくかくしかじか母物語」「正しい人見知り」「マカロニ遺伝子」「ものモノ物」「同窓会のツマミ」は、隔月刊誌「Kitte!」(産経新聞社 発行 / 2015年〜 2018年) に掲載された原稿に大幅加筆し、再構成しました。

蝶の粉

2020年10月2日　第1刷
2020年11月28日　第3刷

著者　浜島直子
発行者　藤原康二
発行所　mille books（ミルブックス）
〒166-0016　東京都杉並区成田西1-21-37 # 201
電話・ファックス　03-3311-3503
発売　株式会社サンクチュアリ・パブリッシング
（サンクチュアリ出版）
〒113-0023　東京都文京区向丘2-14-9
電話 03-5834-2507　ファックス 03-5834-2508
印刷・製本　シナノ書籍印刷株式会社

ISBN978-4-910215-03-7　C0095